愛上植物

的第一本書

陳婉蘭◎著

" 目次 "

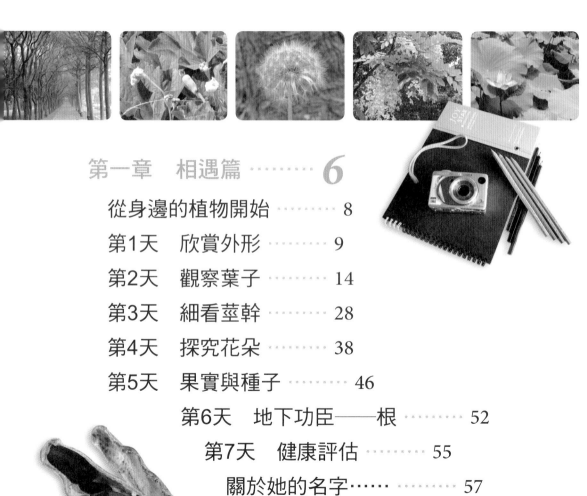

■作者序

從逃兵到愛上植物之路

我是園藝系的逃兵，大一念園藝系時充滿了挫折。

開學第一天，學長帶我們認識校園植物，一處一處解釋這是什麼花、那是什麼樹。我發現他跳過某區塊，好心提醒他：「學長，你忘記介紹那一區的植物了。」話才剛說完，所有人哈哈大笑，只見學長皺著眉頭，難以置信地說：「拜託，那是稻子，需要介紹嗎？」怎麼不需要呢？本姑娘在臺北都會長大，從來沒見過稻子啊！

不到兩星期，我的園藝系同學已經對校園植物瞭若指掌，大家會邊走邊認植物：「阿勃勒、白千層、大葉欖仁、小葉XXX」。只有我，一個植物名字都說不出來，對於植物名字還分大葉、小葉，覺得很生氣，因為我完全摸不著頭緒。

大一的園藝實習課，每個人都有一塊地，隨便你要種什麼。我東種西種，沒有一樣植物長出來。我不斷跟學長要種子，最後一次，學長拿了一包種子，無奈地說：「這種辣椒是全世界最好種的，要是你連這個都種不出來，我也沒辦法了。」結果，我當然是無緣見到那種辣椒的嫩芽——她還是被我種死了。當年，因為沒有用心，我連怎麼失敗的都不知道。

期中考時，「植物生理學」有兩大章節，光合作用和呼吸作用，一大串化學方程式，念得我頭昏腦脹。我暗暗發誓：我再也不要被植物欺負了！

大二我轉到畜牧系。看，乳牛和羊多可愛！不像植物，沒血沒肉，不會叫也不會動。就這樣，我擺脫了植物的「追殺」。

畢業後，有一年聖誕節，我買了好多漂亮的開花植物，擺在辦公室。第一天，所有同事發出讚嘆：「哇，你把辦公室變成花園啊！」可惜，不到一星期，所有植物全死了，看著枯萎凋零的花朵，大一的惡夢又回來了。

但我不甘心，趁著周末到花市繼續採買，還跟老闆訴苦：「為什麼這些花這麼容易死？」老闆說：「基本上，花開得越漂亮，越需要曬太陽。陽光不夠是不行的。」我又問：「那要怎麼澆水？早晚澆，還是隔幾天澆一次？」這位老闆真是我的貴人，他教我：「每種植物都不一樣。我教你一招：你用手摸一摸土壤，覺得土壤溼溼的就不必澆，要是摸到乾乾的，那就要澆水，而且要澆透。」

老闆的話，我謹記在心，回去以後開始用手摸土壤。這一摸，竟摸出了我和植物的連結！土壤是植物的家，也是植物賴以

維生的養分來源。透過用手摸，我對植物開始有了感覺，就好像我們走進朋友的家，看到了他的生活。

慢慢的，我學會站在植物的角度，思考她的環境和生活所需：這裡的陽光夠不夠？會不會把她曬昏？過了一陣子，我看到長大的植物屈身在小盆子裡，又覺得植物好像裹了小腳，好可憐，於是幫她換盆，讓她住得寬敞舒服。

工作的片刻，我抬起頭來，瞥見了綠意盎然的植物，不覺發出驚嘆：「你怎麼這麼美！」很神奇的，植物彷彿聽見了我的讚美，竟然生機蓬勃，越長越美！

我不再需要四處買盆栽了，因為我可以把三盆五十元的小盆栽，經過不斷換盆，種得像一棵樹一樣，枝葉婆娑，而且個頭比我還高！

對於生冷的知識，我一向沒有好感。學生時期為了應付考試，硬把一堆知識塞進腦子，畢業後，面對生硬冷僻的知識，我能閃就閃。寫這本書時，我瞭解生冷的知識如何把人擋在專業的門外，因此我努力而小心的處理，盡量把植物知識寫得熱呼呼，也設法把知識拉到學問的層次。那麼，知識和學問的分別在哪裡呢？我自己有個簡單的分法：凡是對生命有所啟發的知識，那就算是學問。

植物當然是一門學問。看到植物為了爭取陽光，努力的拔高、竄起，即使彎彎折折也在所不惜，這讓我對人生有了新的了悟。而植物各有姿態，是因為她們各有特質，因而發展出不同的生存模式，我也因此明白：瞭解自己、找到自己的生存模式，有多麼重要。

現在，我仍然叫不出許多植物的名字，但我不再懼怕，心中不再有挫折，因為我懂得欣賞植物、尊重植物，並且向她們學習。總之，我享受到「生命與生命對話」的喜悅。我的人生因為有了植物這位好朋友，變得豐富許多。走在路上，我不會寂寞，有許多植物朋友可以寒暄，而她們的生存環境與姿態，也不斷給我啟發。

這不能說是「王子復仇記」的故事，而是……逃兵愛上了敵人。

"第一章 相遇篇 "

因為植物存在
所以你存在

水藍藍的地球孕育了植物，
而植物滋養了動物。
人類是無數動物之一，
而你則是無數人類之一。

從身邊的植物開始

　　學會觀察一棵植物，也就等於學會觀察所有的植物。

　　在日常的活動範圍裡找一棵植物當目標，例如必經路上的一棵大樹，就像交新朋友一樣，每天為她花個幾分鐘，一星期下來，你就可以認識這棵樹。漸漸地，你會知道她所透露的語言，並且如數家珍細說她的故事。

　　入門，最重要是保持熱忱和開心，起初你並不需要知道她是哪一科、哪一目，甚至連名字都可以自己取，而相關知識也不急著深入。只要從觀察開始，帶著一枝筆、一本筆記，最多加個放大鏡和相機，每天給自己五分鐘，七天下來，你就能擁有一張走進植物瑰麗世界的入門票了。

　　準備好了嗎？走！

帶著畫筆、筆記本，最多加台相機，一起來觀察植物吧！

第1天　欣賞外形

選好植物，第一眼是欣賞整棵植株的外形。她是大剌剌地往四周伸展，像主角般醒目亮眼，還是蜿蜒挺進，在低調中求發展，或者直挺挺往上竄升，猶如明日巨星；她給你的感覺是剛強霸氣、謙遜有禮，還是以柔克剛。另外，也想一想你為什麼選上她，除了必經的路，除了方便觀察，她還沒有吸引你的地方。樹大？花美？枝條玲瓏有致？葉子掉落得十分淒美？或者，她擋了你的路？無論什麼理由，都寫下來吧，畢竟這是你們相遇的緣分。

從今天起找一株路邊的植物，花點時間認識她吧！

木本或草木

　　木本是指枝幹已經木質化，而草本則表示植物地面上的部分沒有木質化。木質化意思是枝幹內還有許多木質細胞，莖比較硬，也比較直；沒有木質化，表示木質細胞少，莖通常是綠色，比較柔韌。只要判斷一下你選的植物是有高度的「樹」，還是矮小的「花草」，區分木本或草本就這麼簡單。

含羞草（右）、紫花酢漿草（左）是草本植物，一般我們吃的青菜也大都屬於草本。

高大的茄冬很明顯是木本植物。

喬木或灌木

如果你觀察的植物是木本植物，請再花點時間判斷她是喬木或灌木。一般來說，有直立的主幹，而且分枝在離地面一定高度後才出現、樹高超過5公尺，保證是喬木。樹高5公尺以下，枝條在靠近地面不遠處就分生出來，這大概是灌木。當然，你可能選到是一棵還沒長大的喬木，別擔心，以後答案自會揭曉。順帶提一下，假使你選的是牽牛花、葡萄等攀緣或蔓生植物，那也屬於灌木。

牽牛花之類的攀緣或蔓生植物也屬於灌木。

台灣欒樹是路邊常見的喬木。

測量樹高

　　五公尺相當於一般公寓的三樓，要是你不能確定高度，暫時先不做判斷，千萬別在第一天就被打敗了。倘若你對樹的正確高度有興趣，不妨利用下面這個方法測量一下，既專業又簡便。

1‧找一根棍子(竹子或直的枝條也可以)，調整棍子長度，讓她剛好等於你的眼睛到拳頭的距離。

2‧站在欲測量高度的樹前，把棍子豎直並握在手上，手臂伸直且平舉。

3‧向前或向後走動，直到樹頂、棍頂和你的眼睛，三者呈一直線；同時，樹底、棍底和你的眼睛也形成一直線為止。

4‧在你站著的地方做個記號，然後測量從記號到樹底的距離，這就是樹的高度了。

用棍子測量樹高示意圖

用氣球測量樹高示意圖

Ps.假使你還有童趣，也可以拿個氣球，綁上一條長線，讓氣球垂直飄升到和樹等高，然後在線與地面接觸的地方作記號，量一量記號到氣球頂端的長度即可。這個方法可以「大概」知道樹的高度，但不是很準確，因為你的眼睛判斷氣球與樹是否等高時會有誤差。

簡單畫外形

最後請你花一兩分鐘，把植物的外觀簡單畫下來，包括主幹或莖、大枝條或分枝，以及葉子分布的大致情形。當然，這並不是素描，無需畫得太精美，這只是你們相遇的第一次紀錄罷了。即使你手邊有相機，拍完照還是畫一下，透過眼睛和手一筆一筆描繪，你會更瞭解她，同時在每一次看到她的時候都會有一種特別的親切感，那不是拍照或觀察就能擁有的。

簡單描繪出大致的外形就行了。

13

第2天　觀察葉子

　　葉子是判斷樹種的重要依據，幾乎可當作植物的名片之一。不過現階段你還不必依靠葉子去判斷樹種，只要好好觀察葉子的型態和生長規則。關於葉子，你必須知道那是植物的營養器官，主要負責光合作用，製造養分。葉子也有蒸散作用，把水分和熱排出去，就像你會流汗一樣。當然，葉子必然會呼吸，在她的背面有氣孔，如同你的鼻孔。不過用放大鏡看不到氣孔，得用顯微鏡才行。葉子的觀察項目看似很多，但一眼就能分辨，所以五分鐘絕對夠用。

厚？還是薄？

　　厚薄很難用文字形容，一般來說，榕樹、福樹的葉子算是厚的，如果像空心菜、小白菜那種葉子就算是薄的。葉子的厚薄並非視植物喜好，而是與習性或生長環境有關。厚葉的植物通常較耐乾旱，當環境水分有限時，可避免水分從葉子蒸散出去；薄葉則相反，水分一旦不夠便容易枯萎凋零。所以，從葉子的厚薄也可以判斷這棵植物生長在哪種環境會如魚得水，在哪種環境則艱困難熬。

小白菜的菜葉薄薄的。

榕樹的葉算是厚的。

過多的水分從尖細的葉端排
出，稱為泌液作用。

葉端是圓鈍或尖細

　　有些葉子的尾端圓潤而平鈍，有些則又尖又
細。植物以葉子透露她的生長環境和需求。葉端
尖細，通常表示環境多雨潮溼，必須靠尖細的葉
端把水分導出去，否則容易附著青苔、黴菌，
影響葉子行光合作用。簡單來說，這
是植物需要較多水，但又怕水
太多而演化出來的生存策
略。

15

什麼顏色

不同植物的葉子顏色各有差異，即使是同一種植物的葉子顏色也會隨著季節、成熟度改變，甚至於同一片葉子，正面和背面顏色可能不一樣。仔細瞧瞧你眼前的植物，葉子是綠色表示葉綠素多，光合作用旺盛，因此生長較快。萬一葉子不是綠色呢？放心，她也一樣有葉綠素，只是比例較少，相對來說，生長比較緩慢。此外，幼嫩的葉子通常顏色偏紅，這是因為她還沒長大成熟，暫時不需擔負光合作用的重責大任。

紅背桂的葉子正面和背面顏色不一樣。

紫背草因葉子背面呈紫色而得名。

光合作用

植物利用陽光的能量，把二氧化碳轉變成自身的養分，並且釋出氧氣，這個過程就是「光合作用」。三棵桉樹每天行光合作用，可吸收一個人一天吐出來的二氧化碳，並產生等量的氧氣，供一個人一天呼吸之用。植物的光合作用，在地球的能量、氧氣與二氧化碳的平衡上，占了舉足輕重的角色。

植物常是深淺色的葉子共存，幼嫩的葉子通常顏色偏紅。

有無細毛

　　有些葉子會有細小的茸毛，目的是保持溼潤，也有防止小昆蟲攀爬啃咬的功能。你的葉子有沒有細毛？必要時拿出放大鏡，觀察細毛是稀稀疏疏分布，還是繁生茂密，做一下紀錄。

秋海棠（右上）、水冬瓜葉上布滿細毛。

背面瞧一瞧

　　有時葉子的正反兩面顏色會不一樣，不妨比較一下。此外，葉子背面也可能藏有玄機，比如出現蟲卵，表示葉子的健康已受到危害。還有一種情況，則顯示葉子正擔負著繁殖重任，如果你觀察的是蕨類，葉子背面可能會有一顆顆或一簇簇的孢子囊群，孢子囊裡面有無數孢子，那是蕨類的繁殖器官。你還可以順便找一找她的幼葉，通常會倒捲，像個問號似的，那也是蕨類很容易辨識的一個特徵。

蕨類背面的孢子囊群，每個孢子囊裡有為數眾多的孢子。

蕨類幼葉通常會倒捲成問號形狀。

葉序

　　有不少植物乍看之下很像同一種植物，但其實不是，而葉序可能是判斷的關鍵之一。葉序是葉子在莖或枝上的著生情形，互生，表示葉片是交互錯開生長；對生，是葉片相對而生；輪生則是葉片圍繞輪轉，配著圖看就能一目了然。事實上，葉序不是拿來背誦的，一時搞不清楚沒有關係，重點是欣賞這樣的排列方式如何讓陽光「照顧」到這棵植物的所有葉子，那才是觀察葉序的最高境界。

叢生

輪生

互生

對生

複葉

　　沒有人規定葉子只能單片，有些植物的葉子就由許多小葉片組成，稱作「複葉」。複葉也是植物的生存策略，好處之一是有空隙，陽光可以灑落，照顧到下方的葉子；好處二是一小片葉受傷或枯死，只會損及那一小片，不至於犧牲一大片葉子。如果你選的植物正好是這種，請你在現場簡單描繪，回家後比對是以下哪種複葉，當然也可把書帶去查閱。總之，千萬別試著強記，萬一壞了興致，可就得不償失了。

三出複葉

掌狀複葉

奇數羽狀複葉
（數數看，各有幾片葉子？）

二回羽狀複葉

偶數羽狀複葉

三回羽狀複葉

觀葉脈

　　城市需要道路負責運輸交通，並且維繫城市的發展。同樣的，葉脈也擔負運輸水分和養分的功能，同時也支撐了葉子的開展，以便爭取更多陽光。葉脈大致分為平行脈與網狀脈兩種，現在看看你的植物葉片屬於哪一種呢？

荸草網狀葉脈明顯。

稻子的葉為平行葉脈。

聞一聞味道

如果條件許可，比如你觀察的那株植物葉子正茂，你可以摘一片下來，搓一搓，聞一聞味道，用嗅覺深度去認識她。一般的行道樹可以這麼做，至於私人栽種或郊外的野生植物，因為葉子可能有毒，還是忍住吧，等哪天你確定她沒有毒時再來嘗試。

到手香的葉片具濃郁香氣。

魚腥草的葉子搓揉後有濃濃的魚腥味，因而得名。

23

說說這片葉子

　　觀賞完葉子之後，想一想，假設你要跟朋友描述她，你該怎麼形容？建議你先從葉子最與眾不同的特徵講起，比如外形像星星、有三個大裂痕、又尖又細像針一樣、五顏六色……。接著，你可以描述葉緣有沒有鋸齒、細毛多不多、葉片是互生或對生、屬於哪種葉序。總之，盡可能把你觀察到的葉子描述一下，說不定會因此發現原本被你忽略的特性呢！

試著向朋友介紹以上的葉子吧！

仙人掌的葉子早已退化成硬刺。

咦，沒有葉子？

如果很湊巧，你觀察的植物正好是仙人掌，那麼你應該找不到任何長得像葉子的部位。因為仙人掌為了適應乾旱，減少水分蒸散，葉子早已退化成硬刺。既然葉子是植物的營養器官，沒有葉子行光合作用，仙人掌要怎麼活下去？答案是：仙人掌是靠肥大的綠色莖來進行光合作用，製造養分。除了仙人掌，還有很多植物也沒有長出一片一片的葉子，像是藻類、某些附生植物，甚至你很熟悉的蘆筍也和仙人掌相似，靠著綠色的分枝來製造養分。

落葉滿地

因為季節的緣故，也許你會看到葉子都不在樹上，而是掉落滿地。儘管是落葉，你還是能夠觀察葉形、葉脈、葉端等等，甚至還可在附近地面和土壤翻找一下，看看能不能見識落葉一步一步化作春泥的過程。此外，不妨趁此機會漫步踏在落葉上，除了感受窸窸窣窣的動人聲響，把落葉踩碎其實也有助於她們分解成為養分。至於植物為什麼要落葉呢？答案請見第107頁的Q&A。

落葉滿地。

玩賞葉子

　　假使你觀察的葉子具有清晰的葉脈，葉片又不太軟薄，你可以摘幾片回家，或者撿一些不同樹種的葉子，享受以下玩賞法。

●拓畫葉脈
用鉛筆或色筆從葉子背面輕輕把葉脈拓畫下來。

●水彩拓印
用水彩塗布葉片，以棉紙或筆記本頁面覆蓋並輕輕按壓，印出葉形和葉脈。

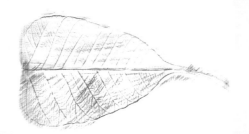

●葉子畫
先把幾片大大小小的葉子排在紙上，想一想，她們像什麼？隨意移動位置，再發揮聯想和創意，試著把這葉子變身，剪一剪，畫一畫、拓一拓，組合成一幅獨特的葉子畫。

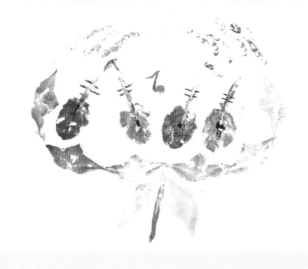

第3天　細看莖幹

　　草本植物的莖或木本植物的樹幹，大致決定了植物的高度，她們也是不分季節都能清楚觀察的項目，不像花或葉子，必須選對時機才能觀察。莖幹的主要功能是支撐植株，同時也負責輸送水分和養分，兩者都攸關植物的生存。木本植物的樹幹有木質部和韌皮部，前者把根部吸收的水分、礦物質由下往上輸送到各處，後者則把葉子行光合作用製造的養分由上往下運送。一般我們熟悉的木材，就屬於木質部。儘管樹幹內部從外觀看不到，不過有機會遇到斷裂的樹幹，還是可以一探究竟。

上看下瞧

　　從上到下、由下往上，來來回回仔細打量植物的莖幹，你會發現：莖幹不僅上下粗細不同，曲直也有差異，甚至連紋路、結構都可能有變化。除了觀察主要莖幹，也看看她的分枝情況，欣賞她如何開枝散葉，讓每個枝葉都能爭取到最大量的陽光。

植物的莖幹不僅粗細不同，曲直也有差異。

圓的或方的

　　小時候我們總把莖或樹幹畫得筆直，而且認為她們是圓柱形的。仔細觀察你的植物，或許會顛覆你對莖幹的刻板印象，因為要找到「正直」、「正圓」等級的莖幹實在不容易。莖幹非但不夠直、不夠圓，有些莖還是方形的，例如大花咸豐草的莖；而仙人掌的莖有些呈三角形，火龍果的莖有稜有角。站在你的植物前，想像一下，如果把莖幹橫切開來，應該會呈現什麼形狀。

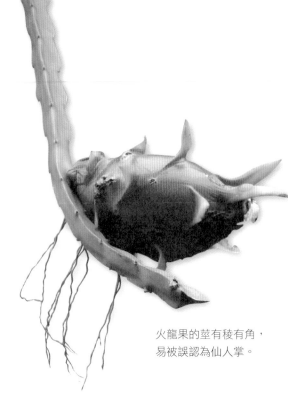

火龍果的莖有稜有角，
易被誤認為仙人掌。

大花咸豐草的莖呈方形。

白千層的樹幹好像永遠有蛻不完的皮。

光滑或粗糙

　　觀察莖皮或樹皮，你認為她是光滑細緻或粗糙凹凸？先別急著下結論，有時用眼睛看覺得她很光滑，但透過放大鏡一照，你會發現她皮孔粗大，甚至有很多細毛。當然，有的植物用肉眼就能看出莖幹上有鱗片、龜裂紋、細縫、片狀、溝裂狀等等粗細深淺不同的縱橫紋路，或者分成一節一節的。還有些樹很特別，好像永遠有蛻不完的皮，一層一層又一層，名字剛好叫作「白千層」。

刺或瘤

　　植物長刺或瘤的情形還不算太少見。刺有長有短、或硬或軟，有些比較肥短，有些非常尖細，觀察時要小心，別被刺傷。尖刺看來很嚇人，而瘤狀的刺則另有一番可怖的模樣。不過，盡可能不要起憎惡心，因為那是植物為了活命，不得已演化出來的生存策略。試著欣賞一下植物的刺，對那些植物來說，那是必要的防衛，救命的法寶。

木棉的樹幹具瘤刺。

誰在這裡出沒

　　螞蟻、甲蟲、啄木鳥，誰在莖幹上出沒？來到這裡的動物絕非偶然，必定是為了尋找食物。想想看，那些動物會在莖幹上吃些什麼？汁液、樹皮或是其他來此落腳的小動物？如果運氣夠好，你還可能看到小鳥咬了一塊樹皮準備回去築巢呢！除了動物，莖幹上也可能有其他植物，像是把樹皮染成綠色的藻類、蘚苔，或是牽牛花這類攀緣植物。總之，觀察一下這裡熱不熱鬧，是否生機盎然？

茄冬樹幹上有毛毛蟲正在覓食汁液。

樹幹上寄生著各種蕨類與蘚苔。

被菟絲子緊緊纏繞著的榕樹。

摸摸看

記得,眼睛只是我們感官的一部分,你想要對植物有更深刻的體會,不妨用手摸一摸,感覺一下莖幹的質地,有許多眼睛無法感知的特質,用手仔細觸摸就能明白。你也可以順便幫她做一下「膚質」檢測,細嫩滑溜?皺紋太多?太乾燥?或是保溼做得不錯?有時候觸手時會感覺滑滑黏黏,好像剛敷完面膜似的,其實那只是植物分泌的汁液,功能多半是用來防止小蟲攀爬啃咬。

聞一聞

雖然莖幹不常散發強烈味道,不過建議你還是湊上前去聞聞看。多半你會聞到一股很淡很淡,甚至若有似無的氣味,就看你選擇何種植物了。如果莖幹會分泌汁液或樹脂,味道就會比較濃,也比較明確。香味往往讓人有意外的驚喜,而怪味則是意外的驚嚇,兩者都值得一試。不過,聞的時候安全第一,小心場地、瘤刺和小生物,而平常容易過敏的人更要特別注意,千萬別把鼻子直接貼在莖幹上。

阿勃勒

樟樹

木棉樹

白千層

菩提樹

蒲葵

聽聽看

在樹下聽風吹葉子窸窣作響是一種享受；用手敲敲樹幹，把耳朵貼近聽一聽，判斷樹幹質地稀鬆或緊實，也是種享受。假如能借個聽診器，聽見莖幹內部輸送物質的聲音，那就猶如天籟般難得了。試試看，趁著豔陽高照，葉子蒸散速率快，水分必須往上輸送補給的時候，貼近樹幹專注聆聽。當然，你聽到的聲響不見得就是植物輸送水分的聲音，也可能是來自莖幹裡面或表面的小動物，不論哪一種，都將是難以言喻的奇妙感受。

量一量

拿一條長度適合的線或繩子，在枝幹上繞一圈，就像我們量腰圍一樣，幫你的植物量一量枝幹的粗細。你可以每隔一段時間量一次，比如一個月、半年或一年，看看她有沒有「長胖」，並且配合她的身高，替她做一張成長紀錄表。

楊桃樹

欖仁樹

茄冬

各式各樣的莖

　　大自然的迷人之處在於永遠有變異，植物的莖當然也不例外。曇花擁有扁扁的葉狀莖；薑、芋頭和馬鈴薯都是塊莖；洋蔥和蒜是一層層鱗片構成的鱗莖；葡萄纏繞的卷鬚屬於莖卷鬚；荸薺是球莖；蓮藕則是根莖。此外，百合科的植物長了像球一樣的珠芽，那也是特化的莖；草莓的莖匍匐在地上，稱作「匍匐莖」；爬牆虎有向上攀爬的爬生莖……總而言之，琳瑯滿目都是莖。

洋蔥（左上）和蒜頭（右下）是由鱗片構成的鱗莖。

荸薺是球莖。

曇花的莖呈葉狀。

薑是塊莖。

爬牆虎有向上攀爬的爬生莖。

咦？怎麼還在那裡！

　　植物的生長是從上方的生長點開始，像積木一樣，一個單位一個單位往上長的。這有個很大好處，假使其中一個單位受傷，並不會影響其他單位，這也是為什麼大樹可以活上幾十年，甚至幾百年、幾千年。因此，假設你五歲時因為調皮，在樹幹上釘了一個釘子，二十年後，你長大了，可是釘子依然維持在你五歲時的高度，不像你小時候大腿上的疤痕，會隨著你的腿變長而往上升高。

拓樹幹

用蠟筆或炭筆拓印樹幹，是一件有趣的事，不但能留下紋路，過程中也可以實地體驗螞蟻或小昆蟲在枝幹上趴趴走的感覺。如果樹幹有不同紋路，或哪裡長了瘤，都可以分別拓印下來。你甚至可以有計畫分段分區一張一張拓印，把整棵樹幹全部拓好，除了拼貼組裝，也可以玩一場立體樹幹大拼圖。

第4天　探究花朵

　　看到花開了，總令人會心一笑；遇到一棵滿開的花樹，有時連七尺男兒也不免心生悸動。花可以說是植物傾注全力的精采創作，用「機關用盡」來形容都不為過，因為這是植物上演「傳宗接代」戲碼第一個登場亮相的主角，她必須具備招蜂引蝶的本事。無論形誘、色誘、香誘、蜜誘……種種誘惑，端看所誘的對象是誰。當然，人類基本上並不是植物要誘拐的物種，但你仍然可以感性地接受花朵的誘惑，並且理性探看植物如何用盡心思，以盛開的花朵對她合作互惠的夥伴熱情地邀約再邀約。

夠鮮豔嗎?

花朵鮮豔,通常是為了吸引昆蟲。你觀察的花是什麼顏色?假如是紅色系,尤其鮮豔的紅或粉紅,她極可能想吸引小鳥來幫忙傳粉。想像自己是小鳥,紅色對你來說有致命的吸引力,當你在空中飛翔時,你會被眼前這朵花吸引嗎?如果不會,那麼這朵花想吸引的也許是無法分辨紅色的昆蟲或蝴蝶。當然,她也可能誰都不想吸引,素樸而低調,因為她是一朵風媒花,專靠風力幫忙傳粉。

氣味如何

顏色加上氣味往往可以立於不敗,畢竟有些昆蟲視力極差,但嗅覺卻出奇得好,對植物而言,這樣的昆蟲也要設法誘引過來幫忙傳粉。聞一聞花朵散發的氣味,是香甜淡雅,還是濃郁撲鼻?後者通常是吸引夜晚出沒的昆蟲,畢竟黑漆漆的夜晚只有香味派得上用場。注意,聞花最好不要湊近猛吸,原因除了避免嗆鼻、過敏,你也可能聞到一股腐臭味──她想吸引飛蠅或甲蟲,必須投其所好。

窄筒狀的花形吸引螞蟻進去探險。

欣賞花形

　　花的形狀當然也與傳粉者的習性有關，可以說花的一切都是為了引誘和配合傳粉者，只有少數自力救濟，或者靠著風力、水力傳播花粉的花例外。窄筒狀的花形，傳粉者通常是小昆蟲，在牠們鑽進鑽出的同時，花裡的機關，例如細毛，會讓牠們在不知不覺間完成傳粉工作。盛開狀的花則是方便蝴蝶、蜜蜂或小鳥採蜜時，沾惹一身花粉。好好欣賞你的花，順便猜想一下傳粉者是何方神聖。

盛開狀的花方便蝴蝶採蜜時，沾惹一身花粉。

花的構造

雌蕊：花的雌性構造，包括柱頭、花柱以及子房，子房內有卵。

花瓣：是由葉子特化成的，一個花瓣就是一片葉子。

雄蕊：花的雄性構造，包括花粉、花藥和花絲。

花冠：由花瓣組成。

花萼，通常是綠色，可保護花苞。

馬櫻丹乍看一大朵，細看才知道是由很多小花組合而成。

單朵或聚合

有些花明明白白就是一朵，有些則乍看一大朵，細看才知道是由很多小花組合而成。如此聚合的花自然有她聰明之處，除了碩大顯眼，還可以延長開花時間，第一朵花與最後一朵花甚至相隔好幾個星期，讓晚來的傳粉者也能合作貢獻，在時間與空間上爭取更多傳宗接代的機會。

花序

花在花軸上的排列方式，稱作「花序」。有的花會排成扇形，有些像稻穗一樣。花序有很多種，各有專業的名稱。你可以比對一下你所觀察的花屬於哪種花序，並觀察她們開花的先後順序，是由下往上，還是從外向內。

1. 穗狀花序	2. 總狀花序	3. 柔荑花序
4. 佛焰花序	5. 圓錐花序	6. 頭狀花序
7. 繖形花序	8. 繖房花序	9. 聚繖花序

圈圈代表花，大小圈表示開花的先後順序——大圈先開，小圈後開。

花瓣

　　有些花瓣薄如蟬翼，彷彿輕輕一碰就會破損受傷；有的花瓣厚薄適中，細致粉嫩可堪觸碰；也有些花高掛樹上，遠看嬌豔亮麗，一落地才知花瓣其厚無比。觀察一下花瓣，並欣賞她如何開展，如何方便傳粉者落腳停靠，或者如何「束縛」傳粉者，逼著牠沾惹一身花粉。

秋海棠的花朵雌雄同株。

花蕊

　　花蕊指的是雄蕊和雌蕊，雄蕊有花粉，雌蕊有柱頭。所謂的傳粉，就是把雄蕊的花粉傳送到雌蕊的柱頭上。有些花是自花傳粉，雄蕊的花粉直接掉落在雌蕊的柱頭上。大部分的花是異花傳粉，雄蕊和雌蕊的成熟時間會錯開，如此才能確保雌蕊接受不同花朵的花粉。看看你的花蕊，雄蕊上會有花粉，而雌蕊則有大大的柱頭，為了接受花粉，柱頭通常有些溼黏。你能分辨雄蕊和雌蕊嗎？還有，這朵花屬於雄花、雌花，還是雌雄同株呢？

大波斯菊花瓣整個開展，方便傳粉者落腳停靠。

蜜標

　　顧名思義，蜜標就是指出花蜜所在的導引標誌。蜜標可能是花瓣上的特殊斑點、線條紋路或色塊，目的是讓傳粉者盡快找到花蜜，吸食之後帶著一身花粉速速離去，加快傳粉工作的進行。傳粉畢竟有時效性，要是讓傳粉貴賓耗費太多心力，苦尋不著而放棄另謀食物，那可能會讓花朵失去競爭力，耽誤傳宗接代的大事。

木槿的蜜標明顯，有助於傳粉者盡快找到花蜜。

花苞

花苞讓人升起呵護的心，也給人一種雀躍的期待。欣賞花苞之餘，不妨比較一下她和綻放後的差異，包括大小、形狀、香味和顏色。你甚至可以跟她說說話，幫她加油打氣，許她一個美麗的未來。

香香乾燥花

不建議你直接把觀察的花摘下來，最好是買幾朵玫瑰花，效果會比較好。

●材料：玫瑰花三朵、薄荷葉十來片、肉桂粉（咖啡用即可）、丁香粉（超市的調味料區，可買丁香粒回家自行壓碎）

1·玫瑰花瓣和薄荷葉鬆散灑在鋪了紙巾的淺盤上，拿到通風乾燥處，放個幾天，讓花瓣和葉子乾燥。

2·將乾燥的花瓣和葉子放進塑膠袋，灑一些肉桂粉和丁香粉，搖一搖，混合均勻。

3·放在美美的碟子上，即完成天然的香香乾燥花。

花草撲滿

找一些花瓣，加上幾片小葉子點綴，做個樂活的小撲滿！

●材料：氣球、棉紙、各式花瓣和小葉子、白膠、水、寬口瓶蓋

1·棉紙撕成小片，請勿撕得太細碎。

2·將白膠調合十倍的水，把撕好的棉紙泡在白膠水裡。

3·吹個氣球，打好結後，把棉紙一層層糊在氣球上，至少糊三層。

4·花瓣、葉子沾白膠水後，點綴貼在棉紙外層。靜待一兩天，等棉紙變乾、變硬。

5·用針刺破氣球，在棉紙上切一道細縫，最後用瓶蓋幫撲滿做個底座，可愛的花草撲滿就完成了。

各種花苞型態各異，你猜得出她們各是誰嗎？

第5天　果實與種子

如果說花朵給予我們視覺的饗宴，那麼果實和種子則是實質的餵養。也許植物並非把人當作主要的誘引對象，但長出美味的果實和種子，竟讓她們有專屬的生長環境，而且有事人類服其勞，這樣的禮遇恐怕超出植物的意料吧！話說回來，果實與種子都是為了傳宗接代，是耗費鉅資的大工程，自然不會全年無休地進行，因此想觀察果實和種子必須耐心等待。如果你觀察的植物此時不結果，你可以觀察其他植物，甚至到超市走一遭，無論生鮮蔬果區或乾果南北貨，都會讓你收穫纍纍。

超市裡有當季的各種生鮮蔬果。

美人蕉花謝後，原開花處便長出果實。

單顆或成串

　　你觀察到的果實是單顆長，還是像葡萄一樣成串的長？想一想，果實的生長與花的情形一樣嗎？估算一下，眼前這株植物總共結了多少顆果實？最後判斷一下，她是打算以「果海戰術」達到傳宗接代的目的呢？還是以質取勝，雖然數量不多，但個個又大又香甜？

原開花處長出絲瓜。

結實纍纍的木瓜樹。

長在哪裡

　　看到果實了嗎？注意看看她長在哪裡。很多人一看到果實，光是注意她的大小顏色，想像她的滋味甜不甜、多不多汁，而完全忘記觀察她生長的地方。果實怎麼來的，當然是花經過傳粉，而且花粉與子房裡的卵受精之後，才會形成果實。因此，果實基本上是長在先前開花的地方，等於花開在哪裡，果實就長在哪裡。

鳳梨一株一顆，又大又香甜。

47

大小、形狀、輕重

　　描述一下果實的大小，是像珍珠般小巧玲瓏，還是大如躲避球呢？她的形狀是圓的、扁的、長的、多角的、不規則的？最後踮一踮她的重量如何，你可以用任何熟悉的事物來形容，比如跟手機差不多，或者比字典還重。記得把這些都記錄下來。

楊桃的果實切開後呈星狀。

蛇莓的果實鮮紅嬌小，得撥開草叢才容易發現。

露兜樹的果實形似鳳梨，是約由70～80個核果構成的聚合果。

摸一摸、聞一聞

　　果實是軟軟的，還是有硬殼？她的表皮粗糙或細致？用你的觸覺感受一下。果實和花一樣，都有誘引動物幫忙散布、傳播的重要功能，假使能散發出一股濃濃的果香，她就篤定贏了。聞聞看，這顆果實的贏面有多少？當然，如果她誘引的對象不是人或其他嗅覺靈敏的動物，就算沒有任何香味、外形也很低調，那也絕不表示她就輸了。

想引誘誰？

綜合前面的觀察，想一想，這樣的果實可能會吸引哪些動物？香軟滑嫩，無論昆蟲、鳥類、哺乳動物都想嚐嚐，垂涎者肯定不少。果皮硬，想來一口的動物牙齒不能太差，再不然也得有利爪，要不就得具有聰明的腦袋、靈活的巧手。建議你放掉人類的喜好和成見，幫果實找一找，誰可能成為她的最佳夥伴。別忘了，風和水也可能是果實仰賴的對象。

咬人狗的果實為半透明、藍色果托所包覆，看起來晶瑩誘人，深受台灣獼猴喜愛。

姑婆芋的果實鮮紅欲滴，經常吸引白頭翁等鳥類覓食。

怎麼保護種子？

掰開果實，瞧瞧裡頭的種子，畢竟種子是這場繁殖戲碼的壓軸主角。取出種子前，觀察一下果實如何保護種子，是以堅硬的果皮包裹種子，還是用厚厚的果肉把種子團團圍住？你還可以估算果實與種子的大小比例，看看植物為了保護種子耗費了多少資源。

阿勃勒厚而硬，果內一層層的間隔將種子分開，種子外覆如瀝青的黏稠果肉，可抑制種子發芽與腐朽。

種子的數量與排列

種子的數量很多嗎？是十幾個或幾百個，約略記錄一下。此外，她們在果實裡的排列方式有沒有規律？不管是亂成一團、均勻散布，還是一圈一圈擠得密不透風，或者一夫當關，得天獨厚，都請你簡單畫下來。

種子的機關

種子直接落在母株附近絕非上策，因為她必須和母株爭奪環境資源。為了避免自相殘殺，種子發展出各種巧妙機關，有些種子長了刺鉤或黏答答的細毛，很容易便能附著在動物身上，藉著動物的腳移往他處；有些種子輕盈細小，風一吹就飄離母株；也有些直接長了翅膀，乘風飛翔到遠方移民去了。至於那些藏在甜美果實裡的種子，有些被動物隨處丟，有些則進到動物腸道，經過九彎十八拐，最後隨著糞便落地，等待機會生根發芽。仔細瞧瞧種子，想想看她依靠什麼機關遠離母株。

堇菜的果實成熟後，裂開的果莢會往內縮，將外層的種子一一彈射出去，據實驗顯示，種子最遠可彈到2～5公尺的地方。

蒲公英的種子可以隨風飄揚。

這顆長了翅膀的種子，即將飛往何處？

種子的旅行

　　無論花開得多燦然、果實結得多豐美，植物能否達成傳宗接代的大事，最終還是得看種子的際遇。觀察種子之後，請你發揮想像力，盡可能不要受限於知識，自由而大膽的臆測種子在落地且發芽之前，她將會經歷什麼樣的旅程。假若你的靈感源源湧現，建議你把這篇「種子歷險記」寫下來。

種子發芽比賽

　　撿幾顆種子回家，試著用不同的環境條件種種看。比如放在冰箱、室內或陽台，看看哪一種環境下的種子最先發芽，哪些條件發芽得慢，或根本不發芽。你還可以自己設計實驗，把種子放在同一個地方，但澆水次數不同，觀察種子發芽的需水狀況。

透視種子萌芽

●先把種子泡水，至少八小時。

●在透明玻璃罐擺幾張吸飽水的衛生紙或紙巾，將泡過水的種子夾放在玻璃罐壁與紙巾中間，以便觀察。

●一兩天後，觀察種子如何發芽。記得，發現紙巾水分不夠，隨時要加水補充。

珍藏種子

　　珍藏有很多方式，拍照留影、寫生記錄、收藏在盒子裡，或做成各種飾品，布置環境、隨身攜帶。在不影響植物傳宗接代的前提下，你可以考慮把觀察的種子當成你的珍藏。由於種子的大小、特質不一，數量多者可拼貼成畫、組裝成形、串成吊飾，單個也做成磁鐵、項鍊、戒指、耳環……總之，飆一飆你的創意和巧思。

第6天　地下功臣——根

根是植物長大、長高的幕後功臣，她像地基，也像船錨一樣讓植物有牢固的立足之地。從結構來說，根不一定要扎得很深才能讓樹長得高大；相反的，許多高大的樹，根長往往只有樹高的百分之一。這種根不靠深度取勝，而是靠著向四面八方蔓延，在地面下交織成綿密穩固的大基座。比如一棵50公尺高的樹，根的深度也許不到3公尺，而涵蓋面積之大，足以讓人類在地面上建一個足球場！除了穩固，根也負責吸收土壤裡的水分和礦物質，堪稱是植物的地下功臣。所謂「地下」也意味著不為人知，對於你所觀察的植物，基於尊重和愛護，建議你小心挖開一些土，做適度觀察就好，並記得要恢復原狀，盡可能把傷害減到最低。

直根或鬚根

根有兩大系統，直根系有一根又粗又長的主根，以及從主根分生出來較細短的側根；鬚根系則一視同仁，像鬍鬚一樣沒有明顯的粗細長短之分。大部分的樹都是鬚根系，因為這樣的固著效果最好。至於草本植物就不一定了，兩種根系都有。

直根系顧名思義就是有一根又粗又長的主根。

大部分的樹根都是鬚根。

根毛

如果你觀察的季節是春天，不妨仔細看看根上有沒有微細的根毛。根毛能大幅增加根部與土壤接觸的面積，加快吸收的效率。每到春天，新生的根會長出數以萬計的根毛，負責吸收土壤裡的水分和養分。秋天，由於根毛已經完成階段性任務，因此會死亡，消失不見。

根冠

根冠是覆蓋在根最前端的保護層，也是根開疆闢土的最前鋒。根冠的功能如同安全帽，可保護根尖，避免根尖在土壤中鑽進時受到磨損。根冠組織的細胞生長非常快速，幾乎勝過植物的其他部位，畢竟前鋒耗損驚人，大約一星期就會因磨損過度而「陣亡」。為了讓根在土壤中順利蔓延，根冠細胞大約一兩天就分裂一次，善盡前鋒之責。

儲藏養分

有些植物的根很肥大，因為她肩負了貯存養分的功能。比如我們熟悉的胡蘿蔔、白蘿蔔、地瓜、山藥、甜菜、鬱金香等等都是，其中甜菜的根最大可超過10公斤。

胡蘿蔔（左下）、山藥（右上）
等都是植物的根。

氣生根

少數植物的根長在地面上，一眼就能看見，最有名的例子是榕樹的氣根。氣根剛開始具有呼吸的功能，也可吸收空氣中的水分，之後會慢慢往下垂落，甚至延伸到土裡，就像枴杖似的，成為榕樹另一股支持的力量。有時候，榕樹的主幹枯萎了，落地的氣根還健在，讓整棵樹好像會走路一樣，不斷前進蔓延。布農族的原住民就把這類的榕樹稱為「會走路的樹」。

榕樹的氣根往下墜垂落，甚至可延伸到土裡。

落羽松如鑲爪般的板根。

名貴的根

同樣是植物的根，同樣具有貯藏養分的功能，人參與蘿蔔卻身價懸殊。人參是五加科人參屬多年生草本植物的根，因為外形酷似人而得名。在中醫上，人參有補氣功效，是抗疲勞、抗衰老的經典名藥。《本草綱目》記載，人參可以醫治各種病症，比如暈眩、脾胃氣虛、孕婦腹痛吐酸、陽虛氣喘等。不僅中醫視為珍貴藥材，古希臘也將人參當作治療百病的靈藥。

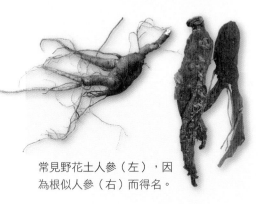

常見野花土人參（左），因為根似人參（右）而得名。

板根

板根是從樹幹延生出來，與氣根一樣，也是長在地面上的根。板根主要功能是支持，尤其在多雨潮溼的地區，土壤往往因為雨水沖刷而變薄，不利於大樹扎根，此時的板根構造便有如鑲爪般，讓大樹得以昂然挺立。

第7天　健康評估

　　儘管不是醫生，我們也可以憑著目測，約略判斷一個人健不健康。譬如，臉色蒼白、面黃肌瘦、行動遲緩的人，想必健康出了問題，又比如住在烏煙瘴氣的環境，你也會非常替對方擔憂；反過來，此人面色紅潤、神采飛揚、反應敏捷，又住在綠化的有氧環境，那麼他的身體應該很不錯。雖然你才觀察植物沒多久，但也可以試試看，評估你的植物健康與否，幫她做一下紀錄。

觀其葉

　　葉子最會透露植物的健康。如果葉子稀鬆零落、枯黃、白化、有異常斑點或蛀孔、葉尖或葉緣枯黑，或者枝葉呈無力下垂狀，顯然這棵植物不是有病蟲害，就是水分、養分供應失常。相反的，葉子長得旺盛繁茂，看起來綠油油，每一片都挺立開展，這棵植物的健康應該無庸置疑。

葉子呈現蟲蛀、枯黃與白化等病蟲害。

視其莖

　　莖也是很好的診察重點，尤其草本植物。仔細看一看，特別是有斑斑點點，可能是蟲卵，或者是遭介殼蟲之類的蟲蟲入侵。假使你自認為有能力搶救，不妨用棉花棒等工具小心移除，然後噴一些驅蟲藥或肥皂水或許會有助益，不過要徹底根除，還是得請教專家才行。

大花咸豐草莖受到介殼蟲的大舉入侵。

察樹幹

　　上下診察樹幹有沒有腐爛朽敗之處，或破裂的傷口及蛀洞。此外，也看看樹皮上有沒有黴菌、青苔、攀緣植物或蟲卵、成蟲？雖然這些外來物不一定會讓植物生重病，但長期來說也會有影響。最後學學啄木鳥，敲一敲樹幹，聽聽聲音，若感覺空空洞洞，可能裡面已經有蛀蝕；如果聲音緊實，大概就沒這個問題。

摸土壤

　　土壤是水分和養分的來源，摸一摸土壤，乾如硬石可能有缺水問題，如果是黏土或細砂，對植物來說也不算是很好的生長環境。你可以對照著葉子，綜合判斷一下植物是否有水分和養分不足的問題。

看環境

　　空氣怎麼樣？光線夠不夠？周邊有無伸展空間？是否有大型重物壓迫？附近的植物生長情形如何？她的競爭者多不多？是否來勢洶洶？整體判斷一下，植物所需要的陽光、空氣、水以及生長空間，這裡都有嗎？跟人的住宅相比，這裡算是豪宅，還是破落的違章建築？最後，請你想想植物在這裡能活得自在愉快嗎？

樹幹上莫名地長了一顆大瘤。

植物健康評估紀錄表

	狀況描述	評分	觀察時間
葉子			
莖			
樹幹			
土壤			
環境			

關於她的名字⋯⋯

莎士比亞說得沒錯，玫瑰不一定非要叫作玫瑰。但如果不叫玫瑰，她能叫作什麼呢？危險女人香？嗯，點出她帶刺又芬芳的特質。鋸葉刺香？這回連葉形特色也有了。看看你的植物，也許你很好奇想知道她的名字。除了翻書、查圖鑑、問專家之外，你不妨根據連日來的觀察，自由而大膽地幫她另外取個親暱的小名。別擔心自己取的名字不夠專業，只要能適切描述都是好名。以下舉幾個俗名供你參考，希望能啟發你的靈感：會捕捉蟲蠅的「捕蠅草」、花序如粉撲的「粉撲花」、樹幹心材具鐵褐色花紋且堅硬如刀的「鐵刀木」、葉背呈銀白在陽光下閃耀的「銀葉樹」、花朵火紅如焰的「火焰木」。看完這些俗名，你是否信心大增了呢？

粉撲花是不是長得很像粉撲呢？

俗名與學名

同一種植物在不同地方有不同名字，或者相同名字卻代表不同植物，這都很容易理解，畢竟名字隨人取，端看從哪個特徵下手。儘管名字不代表一切，不過當我們在與別人溝通時，還是希望能使用共通的稱呼，以免雞同鴨講。尤其對學術界來說，同一種植物必須有一個國際通用的名字，如此各地專家學者的研究才能累積、互通。所謂的「學名」就是這樣來的，相較於俗名可能有無數個，每一種植物的學名只有一個，而且不跟別種共用。

猜一猜

玩個小遊戲，猜一猜下面哪些是學名，哪些是俗名。

松樹、加拿大鐵杉、Tomato、紫花霍香薊、Big～Cone Pine、*Malus sieboldii*、心葉香花木、Peepul Tree、大花紫薇、馬拉巴栗、*Senna siamea*、大葉桃花心木、Roebelin Date Palm、*Rubus liuii* Yuen P. Yang et S.Y.Lu

答案很簡單，不論中文、日文、韓文……名字取得如何艱深有學問，通通都是俗名。只有拉丁文且包括屬名、種名才是學名。此外，屬名第一個字要大寫，種名要小寫，印刷時學名還要用斜體字，手寫時則要加底線。上述植物名只有以下三個是學名：*Malus sieboldii*、*Senna siamea*、*Rubus liuii* Yuen P. Yang et S.Y.Lu。其中*Rubus liuii* Yuen P. Yang et S.Y.Lu，中文俗名「柳氏懸鉤子」，是台灣特有種，學名裡的「Yuen P. Yang et S.Y.Lu」代表命名者，由楊遠波教授（Yuen P. Yang）和植物專家呂勝由先生（S.Y.Lu）聯名發表。

柳氏懸鉤子，學名：*Rubus liuii* Yuen P. Yang et S.Y.Lu。*Rubus*是形容果實成熟後會轉變成紅色的植物。*liuii*是Liu的拉丁文，紀念柳榗先生對植物分類的貢獻。Yuen P. Yang 代表楊遠波。S.Y.Lu則是呂勝由的縮寫。

名詞和形容詞

學名是瑞典植物學家林奈氏最先提倡使用，以當時學術界流行的拉丁文幫植物命名，而且沿用至今。學名包含兩部分，一是屬名，一是種名，屬名在前，種名在後。屬名是名詞，表明植物屬於哪一類；種名則是針對這種植物的特別描述，也可以用地名或人名。植物的學名有嚴格規範，假如發現新品種，命名時一定要遵照「國際植物命名法規」，除了幫植物取個拉丁文名字，還要正式的文件發表，而且要出版，光是公開演講還不算數呢。

親切的名字

學名，感覺上極為學術，總讓人心生畏懼，其實這是因為我們對拉丁語言陌生的緣故。有些屬名翻譯成中文，意思只是「轉變成紅色」，而有些種名意思是「可以吃的」、「圓形的葉子」或「可以當作藥」。如果你懂拉丁文就會覺得學名親切得很，並非高深莫測，拒人於千里之外。

恭喜你！歡迎你！

植物的觀察方法，到這裡你已經初步學會了；植物的美，相信你也能夠體會。接下來，無論是等待或休憩的片刻，只要身旁有植物，你不妨抬起頭、彎彎腰，細細觀察一番。別忘了帶著欣賞的眼神，看枝枒在空中伸展、瞧瞧樹幹的蒼勁味兒，偶爾看到花開、發現鳥巢，或者瞥見樹梢佇立的小鳥，都會讓你心生喜悅。擁有這張植物的入門票，就等於擁有一雙看待植物世界的有情眼睛，在此要恭喜你，也歡迎你一同來瞭解植物世界的奧秘，享受探索的樂趣。

抬頭瞧瞧樹幹的蒼勁，意外發現黑冠麻鷺亞成鳥身影。

"第二章 瞭解篇"

智慧，
使他們恆久不衰

拔高、伸展、蔓延

時局敗壞，他掩起驕傲
固守、積累、低調

生存危機逼近，他孤注一擲
開花！結果！
——只為生命的傳承

無聲的語言

解讀植物不說話，也不東奔西跑的生存之道。

就算你是魯賓遜，你也得採果、捕魚、抓小動物來填飽肚子，而這些活動都需要四處奔走。無論你身手多麼不凡，也絕不可能像植物一樣，站在一個地方，光是伸展枝椏便能滿足生存需求，同時繁衍後代。值得稱頌的是，從古到今植物遵守大自然法則，取得資源並貢獻付出，不浪費能源，也不破壞生態，不讓地球陷入臭氧層破裂、氣候異常、資源匱乏等危險窘態。究竟植物是怎麼辦到的？我們就一起來解讀吧。

植物的構造

如果用一句話來介紹植物，而且還要和動物做出明顯區別，你會怎麼說？「植物不會動。」錯，風一吹，植物也可以做張牙舞爪狀。「植物不會追趕跑跳碰。」也不對，植物只是動作慢一點罷了。「植物不會呼吸。」非也，凡生物皆會呼吸。其實植物和動物最大不同在於：植物會自己製造養分。她們只需要二氧化碳、水和陽光這些簡單的物質和能量便能活下去。但動物可不行，動物必須從外界攝取複雜的化學物質，經過消化分解，變成自身能吸收的養分才能生存。除此之外，動物和植物在構造上也有諸多差異。

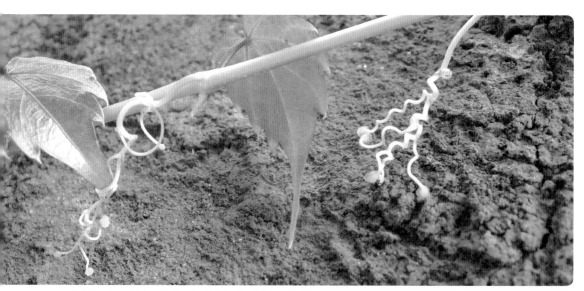

誰說植物不會追趕跑跳碰，她們只是動作慢一點罷了！

細胞

　　細胞是構成植物的最小單位，如同磚塊之於大樓。植物的細胞除了有細胞核、細胞質、細胞膜之外，大多數植物細胞還具有細胞壁和葉綠體，這兩者是動物細胞所沒有的。細胞壁具有保護和支撐的功能，能維持細胞的外形；葉綠體則讓植物有了製造養分的綠色小工廠。「綠色」當然也有環保的意思，因為這個小工廠產生的「廢物」是氧氣，保證不污染地球。

組織

　　植物能在地球生存這麼久，在構造上絕不能靠一群毫無組織紀律的細胞。隨著演

細胞核是控制中心，裡面有重要的遺傳基因。

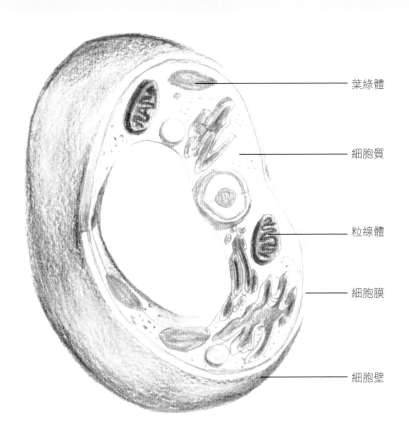

葉綠體

細胞質

粒線體

細胞膜

細胞壁

化腳步，植物的細胞漸漸分化，各有不同功能。許多功能相同或相似的細胞會集合在一起，形成組織，各司其職，比如保護組織、支持組織、分生組織、疏導組織、薄壁組織等等。

營養器官

許多組織再集合起來便形成器官。根、莖、葉都是器官，在功能上主要是吸收水分、礦物質及製造養分，都和營養有關，因此屬於營養器官。在植物的成長期，隨著營養器官發育成熟，你會看到植物一天一天長大茁壯。

生殖器官

好比人類的青春期，植物發育到一定程度，也會啟動內建的繁殖程式，開始出現生理上的轉變。以開花植物來說，會有小小的花芽冒出來，慢慢長成花苞，最後綻放出美麗的花朵。花是植物最先發育成熟的生殖器官，待花完成傳粉受精後，果實與種子接連發育，三者像接力賽一樣完成繁衍後代的使命，因此都屬於植物的生殖器官。

根、莖、葉在功能上都和營養有關，屬營養器官。

花、果實、種子三者像接力賽一樣完成繁衍後代的使命，因此都屬於生殖器官。

不一樣的生殖

蕨類沒有花、果實、種子這類生殖器官，但她們具有能夠繁殖的葉：葉上有孢子囊，孢子囊裡的孢子成熟會彈出來。如果環境條件許可，孢子就會萌芽，之後再產生精子和卵，經過兩者交配，後代就誕生了。

這也是植物

植物不一定有上述這些層級構造，形形色色的矽藻就是單細胞植物，沒有複雜的組織、器官等構造。

植物的家族

「大風吹！」「吹什麼？」「吹……生活在水裡的！」如果你這樣跟植物玩起大風吹遊戲，植物便會分成「水生植物」與「陸生植物」兩個大家族。當然，你也可以不這樣玩，而是換個喊法：「吹……有維管束的！」於是植物家族就分成「蘚苔植物」和「維管束植物」。接下來，你單獨和維管束植物玩大風吹，你說：「吹有種子的！」維管束植物就會分成「蕨類植物」和「種子植物」兩個家族。你可以再單獨跟種子植物繼續玩，這次喊出：「吹……會開花的！」，結果就分出「裸子植物」與「開花植物」兩個小家族。植物的大小家族各憑本事，以不同特徵、不同方式在不同環境中求生存，其結果就是植物領土不斷擴張，越來越繁盛。

蘚苔植物

蘚苔植物是最原始的陸生植物，她們生活在潮溼的環境，還沒發展出複雜的維管束構造。換句話說，她們沒有負責輸送水分和養分的專門管道，也因此沒有真正的根、莖、葉。由於蘚苔植物體內的水分和養分只能靠擴散作用慢慢運輸，效率不高，所以她們多半長得矮矮小小。

蘚苔植物多半長得矮矮小小。

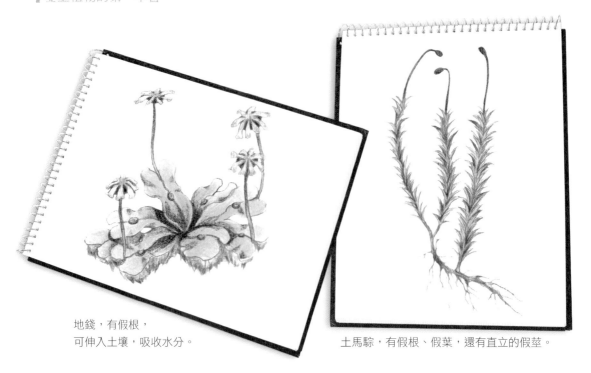

地錢，有假根，
可伸入土壤，吸收水分。

土馬騌，有假根、假葉，還有直立的假莖。

蕨類植物

　　蕨類是最古老的維管束植物，經歷過恐龍稱霸的時代。她們的維管束一路從根往上貫通到莖和葉，不只提高了水分、養分的運輸效率，也讓植物有了支撐的力量，不再像蘚苔植物那樣矮小。從生殖方式來說，蕨類還沒發展出種子這種高等生殖器官，而是用較簡單的孢子來繁殖。只要靠著風將孢子吹到潮溼的土壤，孢子就有機會萌發，最後長成新個體。儘管蕨類已經夠高大，但受精過程還是離不開水。

蕨類是最古老的維管束植物。

筆筒樹雖名為樹，實則是蕨類。

種子植物

　　植物一步一步離開水域，深入陸地，終於發展出花粉管，擺脫必須有水才能完成受精的限制。而種子也比孢子具有更好的適應能力，靠著種皮保護，不論乾旱或冷熱，種子都能活下去，等待萌芽機會。此外，種子也有發芽所需的養分，就算落在養分不優的土壤也能萌芽。放眼看天下，無怪乎種子植物占了舉足輕重的地位。

裸子植物

　　裸子植物，顧名思義就是讓種子裸露，不像開花植物的種子受到層層保護。裸子植物不開花，她們的生殖器官是毬果，有雌毬果和雄毬果的分別。由於沒有鮮豔芬芳的花引誘動物上門，裸子植物的花粉大都靠風力傳播。花粉與卵受精後，不結果實，而是發育成裸露的種子，仰賴風力或動物來傳播。

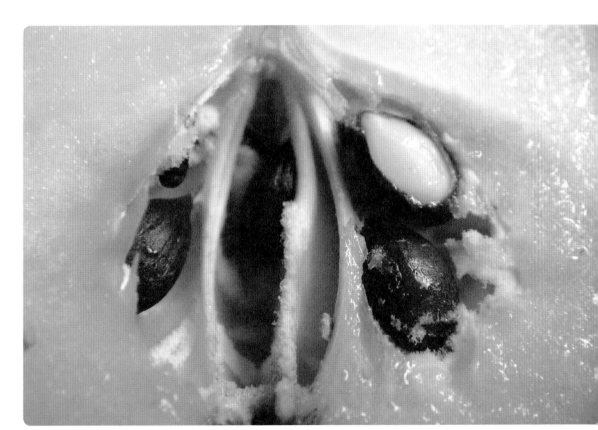

種子植物有種皮保護，不論乾旱或溫度高低，都能活下去。

開花植物

花可以說是植物登峰造極之作,不僅吸引各種傳粉者,還利用各種配套策略,讓植物不斷往陸地深處推進,例如以果實保護種子、幫助種子傳播到遠處,以及種子耐得住乾旱或強酸等不利環境。這樣的發展讓開花植物成為占盡優勢的植物家族,如今開花植物比例高達綠色植物的五分之四以上。不但如此,開花植物也完全貼近我們的生活,除了花草、行道樹,我們吃的糧食蔬果和許多藥物都屬於開花植物。想想看,世界上一旦沒有開花植物,我們就沒有米飯、麵包、五穀雜糧、蔬菜、水果、沙拉、咖啡、茶葉、薰衣草、玫瑰花⋯⋯但這些都算小事,整個人類文明還會因此改寫呢!

我們吃的糧食、蔬果和許多藥物都屬於開花植物。

植物的一生

從精子和卵受精的那一刻起，生命便開始在母體孕育，植物也是如此。以開花植物為例，當花粉落到柱頭上，並沿著花粉管進入子房，與裡面的卵受精之後，子房便如同哺乳動物的子宮，擔負著孕育下一代的重責大任。此時，亮麗繽紛的花朵功成身退、枯萎凋謝，子房漸漸膨大而形成果實，裡面則有最重要的主角——種子。種子一天天發育，待發育完成，果實也成熟了。接下來的故事，依照植物不同而各有情節，有些靠一陣風，有些靠果實彈開的瞬間，還有些曲曲折折像一部長篇小說，終於有一天，「剎！」種子落地了……

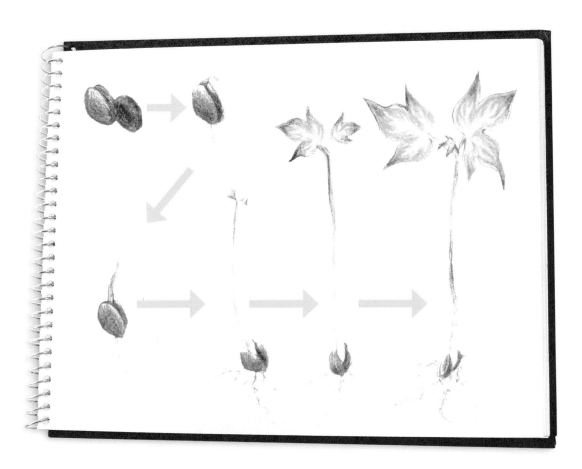

生根

種子落地後，一切要看命運和機會。萬一種子落在大馬路上，經過車輪不斷輾壓碎裂成屑，那麼她這一生大概就玩完了。如果種子卡在胎紋上，很幸運地隨車來到郊外，並且落在土壤裡，接下來就看機會了。要是土壤夠潮溼或者下了一場雨，種子努力吸收水分後就會綻裂，冒出胚根，然後往土裡鑽，成功踏出第一步。

發芽

不久，在胚根另一端，胚芽也挺出來，緩緩轉向陽光的方向。靠著種子裡的養分，幼嫩的葉子也跟著長出來。之後，葉子轉綠並且開始進行光合作用，自己製造養分，努力加餐飯。

長出枝葉

葉子越長越大也越來越高，如果沒有意

外，比如被踩踏或啃咬，植物就會繼續發展出枝葉、莖幹等等，在環境資源許可之下盡可能成長。

開花

當環境或本身達到開花條件，植物便進入傳宗接代的生命歷程，以花朵作為序曲，啟動一系列生殖機制，並邀請相關的蝶蛾鳥蟲或自然力加入陣容，大家合力上演一場驚險熱鬧的繁殖大戲。

結果

花朵成功完成傳粉受精的工作後，下台一鞠躬，輪到果實上場，同樣力邀各種動物或自然力一起把這場大戲演完，直到種子落地。

一生有多長？

從種子發芽、開枝散葉，到完成整個生殖過程，最後枯萎死亡，植物的一生長短不一，有些不到一年，有些長達數十年，甚至數百年、數千年。那些不到一年便結束生命歷程的植物，我們稱作「一年生植物」，這類植物多屬於草本，例如金盞花、馬齒莧、黃鵪菜、油菜、蘿蔔；「二年生植物」是指第一年生長，二年開花，例如蕃茄、香芹、冬麥、胡蘿蔔；至於多年生長的則稱為「多年生植物」，如菊花、杜鵑、木棉、榕樹等等。

馬齒莧為一年生植物。

蕃茄為二年生植物。

杜鵑為多年生植物。

製造養分

製造養分必須先有原料，同時也要有能源才行。植物生長最初是長出根和挺起葉子，開始從環境中吸取原料和能源，在體內製造養分，奠定日後成長的根基。而根和葉子也成了植物非常重要的營養器官：根努力攝取水分和礦物質，葉子和莖則負責吸收陽光和二氧化碳，並透過光合作用，把二氧化碳和來自根部的水分轉變成植物生長所需的養分，就像你必須吃進五穀雜糧，攝取足夠營養，好維持全身細胞忙碌不已的活動，以及個體的生長。

多虧有葉綠素

因為有葉綠素將陽光的能量轉變成自身的營養物質，植物才能安靜不動、就地獲取養分——他們不需進口原料，在地的已經夠好了。葉綠素存在於葉綠體裡面，一個細胞約有一百個葉綠體，植物的忙碌要到細胞這個層次才能盡顯。

越大越好嗎？

葉子是植物製造養分的綠色工廠，而這個工廠是不是越大越好呢？不盡然。葉子很重要的一點是要能接收陽光，假如植物

芭蕉、姑婆芋等的大葉子可以收集自大樹葉縫中篩下的陽光。

本身夠高大，或者長在山頂上，那麼大葉子反倒礙事——不敵強風。另一種相反的情況，雖然植株本身長得矮小，但環境養分不錯，只是身旁有許多大個子，這時葉子就得夠大，才能盡量收集大個子漏接的陽光。所以葉子大或小，端看本身條件、生長環境以及採取的應對策略而定。

光合作用

　　光合作用可以寫成好幾篇博士論文，也可以簡單用一句話來表示——利用陽光的能量，把水和二氧化碳轉變成植物的養分。不過既然有心入門，你應該瞭解得比這句話再多一點。光合作用，首先靠葉綠體當作太陽能板，吸收光能。之後，利用光能在細胞裡促使二氧化碳和水發生化學反應，產生氧氣和碳水化合物——也就是植物的養分。因此，另一句稍微專業的話可以這麼說：光合作用就是利用光能來產生化學能，把空氣裡的碳固定下來。

我也吃葷

　　植物不全都是素食者，也有植物拿動物來加菜，藉此補充營養。並非她們喜歡吃動物蛋白，主要是他們生長在泡水的爛泥巴裡，嚴重欠缺某些必需營養物質，只好

捕蠅草（左）、豬籠草（右）都是食蟲植物。

捕捉一些不夠機伶的小蟲子從中攝取。要吃蟲，當然就得多付出，比如黏答答的細毛、香甜的蜜汁、滑溜的蠟質……最後再配上一個難以逃脫的陷阱構造，而這些都得特別消耗能量製造。沒辦法，環境所迫，不得不如此。

直接掠奪

人類社會也有這種投機分子，自己不事生產，轉而去掠奪別人勞動所得，而且一生活在都陰暗角落。寄生植物的習性正是如此，差別只在於人類用手或腦搶奪，而寄生植物用莖或根來奪取。也有些植物具有葉子，會自己生產製造，但同時也掠奪他者的養分。巧的是，這樣的植物通常生活在陽光不強的陰暗處。

看，多壯觀的根！

蒲公英的例子非常有名，地下根與地上部位的比例約為5：1。

默默耕耘的根

跟人搶話，我們會說「見縫插針」，這對植物搶水其實也受用。有些植物很好命，有廣大豐沃的土壤，讓她們的根悠哉悠哉向四周蔓延。可是有些植物面對的是高難度挑戰，比如生長在岩壁或乾地，這時她們的根不僅要見縫挺進，甚至得製造縫細，或者深入地底，苦尋地下水分。根的努力觸探，攸關植物的生存，只是一般人看不到而已。

旺盛的生命力

根除了蔓延伸展，最好還得夠強韌，即使枝葉斷盡也能重新展現盎然生機。以蒲公英的根為例，不單長度驚人，就算地面上的枝葉整個被刨斷、踩爛，只要有水分，兩三天就能重新長出枝葉。有機會不妨試試這個實驗，把一段蒲公英的根放在沾水的棉花上，瞧瞧她旺盛的生命力。

資源回收

說起資源回收，植物很早就做了，而且做得徹底又扎實。畢竟資源得來不易，植物絕不會任意丟棄葉子、花朵或種子，任何身上部位只要掉落地面，不論是否完成任務，都會被微生物分解，養分回歸土壤，最後被根部吸收，循環再利用。總之，植物絕對不會製造那種三、四十年，甚至百年也難以分解的東西來自掘墳墓。

物資運輸

陸上植物要長得高大，首先得克服水分和養分的輸送問題，水分要能從根部往上輸送，而養分則必須由葉子往下送到各部位。最早登陸的蘚苔植物靠著擴散作用運送水分和養分，因此植株所能長的高度和大小極其有限。經過一、兩億年，植物終於演化出真正的「維管束」構造，解決了物資輸送問題，植株終於可以向上拔高，生長不再有限制。這類開創性的植物就是蕨類，蕨類曾經與恐龍同台飆戲，她們四處繁衍壯大，在當時創下植物繁榮的盛景。後來因地殼變動，大量蕨類被掩埋，成為今日人類重要的能源──煤。

瞧瞧蒸散作用的威力

水分的輸送，其實是靠蒸散作用形成的拉力。試試看，找個日正當中的時刻，拿兩根芹菜，一根拔去所有葉子，一根維持原狀，兩根浸放在滴了少許墨汁的水裡，之後拿到戶外或陽台靜待並觀察。從墨水上升的快慢，你就知道哪一根水分運送得快，以及跟葉子有什麼關係，由此見識到蒸散作用的威力。

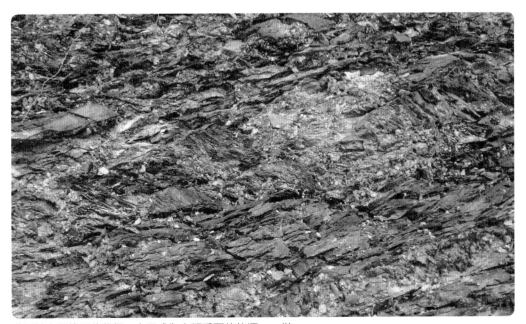

昔日被大量掩埋的蕨類，今日成為人類重要的能源──煤。

哇，存了這麼多養分！

植物也懂得儲蓄，她們會把多餘的養分貯存起來，以備不時之需。我們吃的胡蘿蔔是根，貯藏了許多養分。試試看，把胡蘿蔔綠色那端切下來，放在裝了水的盤子裡，並置於陽光照得到的地方。一星期後，靠著胡蘿蔔本身貯藏的養分，翠綠的枝葉紛紛長了出來。

登陸第一步

最早的植物生活在水裡，她們之所以能夠離開水域，一步步往內陸發展，首先要克服陸地乾旱的問題。接著，要設法長高，在眾多低矮植物中脫穎而出，爭取更多陽光。最先登陸的植物會長出假根，以抓緊海邊溼地，免得被風吹到乾燥的陸地上。慢慢的，植物又演化出可以向地下探尋水源的根，之後也有了向上長高的莖。由於植物的物資運送是靠擴散，水分和養分會從濃度高的往濃度低的擴散，一旦長出根和莖，一下一上的結果，把植物拉長、拉遠，水分和養分的輸送變得困難，因此這時期植物的個子都不高。

維管束

維管束堪稱大自然的偉大發明，讓水分和養分各自有專門輸送的管道。維管束從植物的根一路延伸到莖、葉，你觀察過的葉脈，就是維管束的一部分。維管束包括輸送水分的木質部，以及運送養分的韌皮部。有些植物的木質部與韌皮部是呈不規則分散排列，像稻子和玉米，有些則是規則的環狀排列，木質部在裡面，韌皮部在外圍，兩者當中還有形成層，往內長出木質部，往外衍生出韌皮部。那些莖幹會隨時間加粗的植物，就是屬於這類。

不耗費能量

木質部負責運送水分，問題是裡面都是死細胞，怎麼執行任務？尤其水分要由下往上輸送，根本不可能借重地心引力。如果你是造物主，你會怎麼做？硬是把水擠

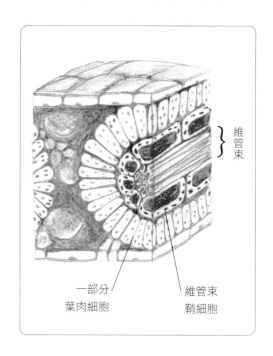

維管束

一部分
葉肉細胞

維管束
鞘細胞

上去？但是這要用到力量，而死細胞並不提供能量。事實上，木質部不僅是連通全株植物上下的通道，裡面的細胞彼此也上下連通，形成細小的管子，而且各個管子都充滿了水。只要葉子的水分被蒸發，就會把莖的水分往上拉到葉子。當莖的水被拉上去的同時，莖又會往下去拉根部的水，就這樣從上面一點一點把水拉上去，不耗費半點能量。

雙向道

韌皮部輸送養分的方式，可以由上往下，也可以由下往上，等於是雙向道。養分來自於葉子行光合作用產生的葡萄糖，基本上也是以壓力差的模式，從葉子往下送到莖和根直接利用，或者貯存在莖或根，以備不時之需。例如：枝葉被外力橫掃殆盡，貯存在根部的養分就會往上輸送，提供新枝芽生長所需。另外，我們常見的木棉、櫻等也是把養分存在根部，冬天時葉子掉光，養分會從根部往上運送；等花謝了再重新長出枝葉可以製造養分時，再由上往下將養分貯存在根部，待來年開花前再往上輸送。

櫻花謝了之後，會再萌葉生長，製造養分。

蓮霧成熟了！數公尺外都能聞到香甜的氣味。

克敵之道

「敵人攻進來了！」一陣兵荒馬亂，逃跑的、躲藏的、偽裝的、恫嚇的、就戰鬥位置準備打仗的……不管怎樣，大夥兒全生起了最高等級的緊張！這是動物社會常有的現象，可是植物社會不然，她們好整以暇，彷彿一切早在承平時代就布署完畢，該貢獻犧牲的就貢獻犧牲，該下手的也不手軟，整個過程卻絕不倉皇失措。原因是什麼？答案很簡單，植物不能移動，字典裡沒有「逃」這個字，再大的劫數也必須設法就地活命。

吃吧……

昆蟲、鳥類、猴子和人……各式各樣大小動物，說起來都是植物的敵人。有些植物之所以長出那麼多葉子、開出那麼多花、結出那麼多果實和種子，無非是把款待天敵的宿命給算了進去。所以，敵人來了──吃吧，諒你也吃不完，何況植物還能努力生產再造。

毒死你！

有些植物本身條件沒辦法長得那麼旺盛繁茂，她們經不起敵人啃食，於是發展出以毒克敵的招術。葉子或汁液裡的化學物質，輕者讓敵人難以下嚥、嘔吐噁心，重

者直接要敵人毒發喪命。

想嚼蠟嗎？

葉片附上一層厚厚的蠟，除了防止水分散失，也是對付小昆蟲的良策。任誰都想吃清爽好咬的葉子，而這一招可以擋掉許多牙齒不好的美食者。此外，上蠟的葉片也不易招惹黴菌這類敵人，畢竟她們會影響葉片行光合作用的能力，對植物來說也造成不小的傷害。

不怕刺，就來呀！

尖刺有嚇阻作用。細小的刺可以防小昆

申跋屬於天南星科，全株有毒。

斯氏懸鉤子全株有尖刺，到野外時要對她多加小心。

想靠近南國小薊，得先過利刺這一關。

根據科學家試驗，當毛蟲啃咬柳樹的樹葉時，附近的柳樹會立刻增加生物鹼含量，讓葉子變得苦澀難入口，藉以躲過蟲災。

蟲，中等的刺防鳥類或爬行動物，粗大的刺目標多半針對哺乳動物，看天敵是誰，就長出什麼樣的刺。還有些植物的刺很細小，卻能大小通吃，凡經過者猶如被打了一針──好痛啊！

被「貓」咬了

咬人貓這種植物不但根莖葉都有細細的刺毛，刺毛還會分泌蟻酸之類的酸性物質，弄得入侵者又痛又癢：這種物質會強烈刺激動物的神經系統，因而啟動了抵禦機制。如果你到郊外不小心被咬人貓「咬」了，可以用冰敷來消腫、舒緩疼痛，或者到藥房買氨水（阿摩尼亞），塗一點在紅腫的地方，效果也不錯。

活埋！

還記得電影「侏儸紀公園」裡，恐龍的基因來源嗎？答案很長──一隻被樹脂密封包覆且生前剛咬過恐龍的蚊子。像樹脂這種黏答答的汁液真是不錯的克敵方法，至少讓蟲蟲不能順利上身，挫牠的銳氣、掃牠的興。植物分泌的汁液若夠濃稠，還能直接把蟲蟲活埋，一了百了。

奪命的凹陷

植物會善用外力幫自己對付敵人。有植物會利用兩兩對生的葉片，在兩片葉子的交界處形成一個能夠儲水的小凹陷。每當

下過雨新葉冒出來的時候，不少想要啃咬嫩葉的螞蟻或小蟲，一不小心就會紛紛淹死在這奪命的凹陷裡。

雇用軍隊

對某些動物來說，螞蟻可真是凶狠難纏。聰明如植物，自然也會發展出利用螞蟻來護衛自己的奇招。比如刺槐樹，不論分泌蜜汁、長出甜甜的刺髓，甚至製造蛋白質小塊，這些手段都是為了吸引螞蟻前來進駐，誰膽敢過來搶吃，先嘗嘗螞蟻的猛烈攻擊再說。

通風報信

植物以什麼語言通風報信，目前還在研究中，不過科學家曾經做過試驗，發現植物確實會發出受傷信號，通知左鄰右舍趕緊啟動防衛措施。比如當毛毛蟲開始啃咬柳樹的樹葉時，附近的柳樹們好像得到「敵人攻進來！」的消息似的，立刻增加生物鹼含量，讓葉子變得苦苦澀澀，打消毛毛蟲大啖一場的念頭。而當番茄被啃咬時，則會發出一種氣味分子，附近的番茄一接收到，就會產生驅除昆蟲的化學物質。

尼古丁與咖啡因

尼古丁來自於菸草，而咖啡因則很多植物都有，兩者都是植物用來驅趕天敵的，因為她們會對動物的神經產生強烈的刺激。沒想到，原本防禦用的物質，卻讓植物享盡「榮華富貴」，有人類供養施肥、去除病蟲，還幫忙繁衍後代，然後經過一道道生產製造傳銷，進入人類的商業體系，最後刺激（或者傷害）消費者。以植物的角度來看，她們或許會覺得人類怎麼看都不像萬物之靈。

發出求救信號

對付敵人，蠶豆另有奇招：直接發出氣味，吸引敵人的敵人前來，有如發出求救信。科學家讓蠶豆處在充滿受傷信號的環境中，這時她們就會釋放氣味分子，招來蚜蟲的天敵前來吃掉蚜蟲，即時減少蠶豆的損傷。除了蠶豆，玉米和棉花也會發出求救信號，當她們的葉子一偵測到毛毛蟲的口水，會立刻釋放出揮發性的氣體分子，吸引黃蜂前來，吃掉毛毛蟲。

留得養分在，不怕枝葉落

植物的敵人可不單單是動物而已，颱風豪雨也算是天敵。這種天敵氣勢磅礴、威猛無比，再高大的植物也抵擋不了。怎麼辦呢？「留得青山在，不怕沒柴燒」的道理，植物也懂得。有些植物

蠶豆處在充滿受傷信號的環境時，會釋放特殊氣味分子，招來蚜蟲的天敵以即時減少損傷。

比人更敏銳，能從氣壓與空氣溼度的變化，提前感知災難將臨，及早把養分逆向輸送，貯存在基部或根部。就算風雨橫掃枝葉又何妨，靠著底部的足夠養分，來日便能東山再起。

圍堵敵人

植物即使遭敵人入侵成功，仍然有克敵的方法。比如有些植物遭到真菌感染之後，會分泌特殊物質，把感染部位的輸導組織堵死，有效防止真菌蔓延擴散。此外，植物的細胞壁本身也有隔絕功能，以層層關卡阻擋病毒或細菌長驅直入，避免自己潰不成軍。

植株缺水時，葉子也會下垂，避免因陽光曝曬而流失水分。

感應周遭

　　植物沒有眼耳鼻舌，卻知道陽光在哪裡、水分在哪裡、伸展的空間在哪裡，甚至連天氣要變了，她們都能夠提前感知。植物看似獨門獨戶，沒有與鄰居分工合作或親密往來，但這並不表示植物對周遭不予理會，不懂得守望相助。植物構造複雜，全株上上下下有無數細胞，要供應養分，要傳遞訊息，要開疆闢土，還要趨吉避凶，若不機伶警敏還真是不可能。只要看看植物散布地球各處，歷劫千萬年都沒被淘汰，就知道她們必然具備不輸給眼耳鼻舌的感應能力。只是，我們人類憑著敏銳的五官、聰明的腦袋，至今都還不能完全解開植物的秘密。

植物體內有光敏素，會引導他們向光線最強的方向生長。

就是那道光！

植物為什麼會長大，以及怎麼長大，陽光有決定性的影響。有陽光照射，植物才能製造長大所需要的養分，而如何成長也與陽光出現在哪裡有密切關係。當植物生長在光線明暗不均的環境時，莖的前端會朝向光線最強的方向生長；當陽光被遮蔽，顯得高高在上，植物還會設法拔高，衝破遮蔽物，爭取陽光。植物怎麼知道陽光在哪裡呢？目前所知，植物體內有光敏素，能調控植物的生長、葉片的發育，也影響植物的開花和種子萌芽。

水在哪裡？

植物可以沒有土壤，卻不能沒有水。植物對水的需求，從根到葉子都反應得出來。植物的根會往潮溼之處探觸伸展，你可以做個簡單實驗，讓盆栽傾斜，並且在每次澆水時刻意只把水澆在較低那側，一段時間後檢查植物的根，你會發現根已經伸往較溼的那一側。至於葉子對水分的反應，當天氣酷熱，蒸散作用強，葉子的氣孔會關閉；植株缺水時，葉子也會下垂，避免因陽光曝曬而流失水分。

觸動

你相信嗎，一根頭髮就能觸動毛氈苔把葉片包捲起來；一隻動物走過輕碰了含羞草，含羞草的葉子就會瞬間閉合，讓外形看來不像一片可口的葉子。植物對外界的刺激，反應之靈敏機智，往往超乎我們想像，儘管她們沒有神經系統，卻能展現如神經系統般的迅速確實。此外，豆類植物的卷鬚也有非常細微的觸覺能力，經過空中探觸後，可以成功地攀在支撐物上，並且順著支撐物的外形纏繞、蔓延。

心電感應

曾經有科學家把測謊器的電極接在植物葉片上，觀察植物的反應。當然，他不是問植物問題，而是以不同情境測試植物的反應，比如幫植物澆水、把葉子放在熱咖啡裡。奇妙的是，當他試了幾次，發現植物並沒有特殊反應時，腦海突然冒出一個

讚美植物

植物到底有沒有心電感應，科學界還在爭論中。不過你可以自己設計小實驗來試試，比如拿兩盆植物，每天對著其中一盆真心誠意讚美她：「你好美喔！我真喜歡你！」另一盆則當作對照組，不給予任何讚美。一段時間後，觀察兩盆植物有沒有差異。

念頭：「我要燒掉那片葉子！」就在這瞬間，測謊器的指針竟大幅擺動，甚至超出

紀錄的頁面，可以想見植物似乎有心電感應的能力。

輕碰含羞草，她的葉子就會瞬間閉合。

多層次結構

一樣米養百樣人，植物社會也與人類社會類似，一樣的環境供養百樣植物。為了完整說明植物的社會，在此就以生態最豐富的熱帶雨林為例。熱帶雨林由高到低大致可以分成：突出層、樹冠層、中間層、林下層和地被層。每一層植物的特性不同，大家謹守本分又各自發揮令人拍案叫絕的生存策略，例如高大挺拔的大樹搶佔第一線綠陽光，而身段柔軟的爬藤類則以較少的投資，享受樹叢麗洛落的二、三線陽光，以下就是各層說明。

植物社會

植物各自帶著遺傳基因在環境中闖蕩，層次高低、先來後到、機會好壞、資源如何，都會影響她們的社會或動位。植物的社會地位也包括棲息地、還有與其他植物的互動關係。謹遵「眾生平等」的概念，植物的社會地位並沒有高低優劣的評比，只有各取所需都善用了環境資源。換言之，高大的喬木和低矮的鮮苔都善用環境義務，同時也善盡供養義務，甚至枯死的爛木在生態功能上也不輸青翠挺拔的松柏。

突出層 高度45公尺以上。在這裡棲息的動物多半是老鷹之類的猛禽，還有各種大型鳥類、昆蟲和微生物等，有時也看到猴子出沒。

樹冠層 高度30～40公尺。有非常多動物棲息在此，包括鳥類、爬行類、蛙類、小型哺乳動物和昆蟲……牠們多半以果實、種子為食。

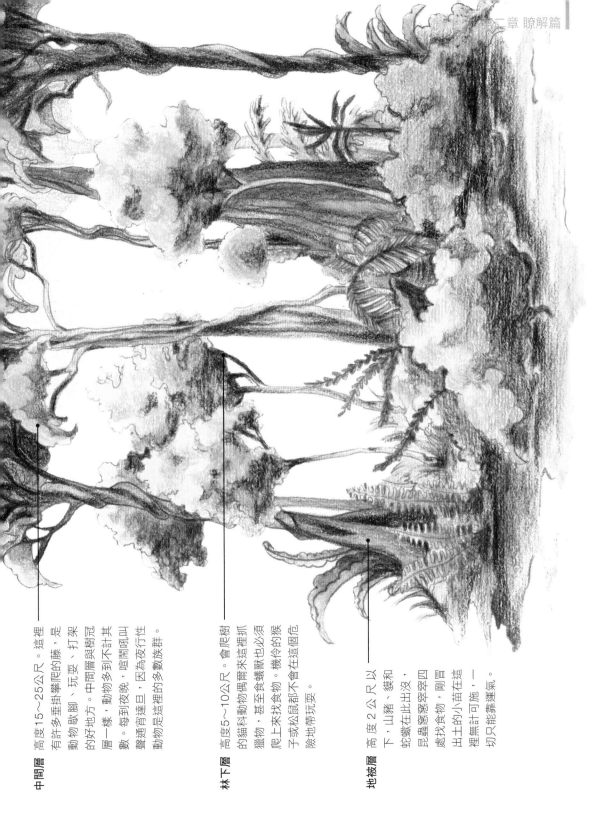

中間層 高度15～25公尺。這裡
有許多垂掛攀爬的藤，是
動物歇腳、玩耍、打架
的好地方。中間層與樹冠
層一樣，動物多到不計其
數。每到夜晚，喳喳吵叫
聲通育達旦，因為夜行性
動物是這裡的多數族群。

林下層 高度5～10公尺。會爬樹
的貓科動物偶爾來這裡抓
獵物，甚至食蟻獸也必須
爬上來找食物。機伶的猴
子或松鼠都不會在這個危
險地帶玩耍。

地被層 高度2公尺以
下，山豬、貘和
蛇蠍在此出沒，
昆蟲叢惡莘莘四
處找食物，剛冒
出土的小苗在這
裡無計可施，一
切只能靠運氣。

豐富的物種，貧瘠的土壤

雨林雖然孕育出豐富物種及許多高大參天的樹木，但土壤層其實非常薄，厚度只有一般森林的十分之一。原因是雨林的植物太多了，養分競爭非常激烈，儘管每天有許多落葉掉下來，因為潮溼加上悶熱，落葉很快就會腐敗分解，重新變成養分，但也很快又被植物吸收利用，等於左手進右手出，養分根本無法積累。換句話說，雨林的養分並不在存土壤裡，而是在植物本身。這就是為什麼把雨林砍伐變成農地後，種個幾年就再也種不出東西來——因為絕大多數的養分都隨著被砍伐的大樹離開了現場。

突出層

突出層意思就是這裡突出一塊，那裡突出一塊，並不是完整連成一片（如果連成一片，那就是樹冠層了）。突出層是雨林最高的地方，能長這麼高，少說也要歷經五、六十年的奮發向上。這裡陽光最強，不僅要多少有多少，甚至多到你不想要。為了避免葉子的水分被陽光曬乾，這裡的葉子都很小，而且角質層很厚，葉子也不平展，而是往上翹，還會隨著陽光調整角度——沒錯，她們也怕紫外線的傷害。陽光多，等於資源多，可是有一好必定沒兩好，這裡也是雨林風險最大、最容易遭雷劈的地方，同時風也非常非常強勁。話又說回來，風大也有好處，可以把種子吹得老遠，幫忙完成傳宗接代的大事。

樹冠層

樹冠層密密麻麻，是雨林最上層的平台，也像一把遮風大傘，把風給擋住了。因為沒有風，底下的種子只能靠動物傳播，比如靠猴子幫忙。這裡的種子大都滑不溜丟，常常果實被猴子一咬開，種子就滑出來，然後ㄅㄨㄞ～ㄅㄨㄞ～ㄅㄨㄞ～經過層層枝葉，成功滑落到地上。此外，樹冠層的葉子上小下大，使得上層葉子不致於遮擋全部陽光，而下層的大葉子則努力迎接上層篩落下來的光線。等於一道光灑下來，普照了上層和下層的葉子。

中間層

由於樹冠層或突出層的大樹基本上都從中間層長出分枝，眾多分枝交錯的結果，讓這裡多了不少空中養分——上層掉下來並卡在分枝上的腐爛落葉。誰來利用這些空中養分呢？答案是附生植物。附生植物

攀搭著大樹幹,從陰暗潮溼的底層蜿蜒生長,不需自己長出粗壯的樹幹,只要長出蔓藤,搭著別人的身軀就能竄升到上層。除了附生植物,這裡也有還在等待機會努力擠上樹冠層和突出層的中樹和小樹。等待什麼機會呢?等待哪棵大樹被大風吹倒或遭天打雷劈,整個倒塌下來,或枝幹斷落,這樣樹冠層就會開天窗,讓陽光灑下來。這時她們就有機會快速往上爬高,否則就是慢慢慢慢慢慢生長,也許二、三十年後都還到不了樹冠層。

林下層

實際上,雨林的林下層跟我們的地下室差不多——陰暗又潮溼。這裡陽光之弱,有如強弩之末,加上通風不良的結果,地面的水氣全給悶住了,簡直像個溼氣蒸騰、天天洗三溫暖的浴室。這裡主要是一些棕櫚樹和幼年的小樹。

地被層

地被層大都是腐爛的落葉、小苗,還有許多大樹的板根。其中,落葉是雨林最重要的養分來源,在生態上功不可沒。小苗是雨林未來的主人翁,不過她的未來要看機會。如果有幸不被動物踩死、吃掉,而附近又有大樹倒塌,讓陽光得以灑落下來,那麼她就很有機會往上層挺進了。

附生和寄生

同樣是勾搭攀附在人家身上,附生和寄生有所不同。附生植物較客氣,只是搭個便車,攀爬在其他植物的莖幹或枝芽上,並沒有把對方當成提款機似的取奪養分。換言之,附生植物還是靠自己製造養分。寄生植物就來者不善了,她攀附你、掠奪你,自己根本不事生產,對於被寄生者來說,傷害較大。但附生也並非完全沒傷害,植物有時也會因附生植物太多,重量超過負荷而枝幹斷毀。

阿嗚——阿嗚阿嗚

泰山來了,讓他在叢林盪來盪去的「繩子」,正是附生植物往下找水的根。不過這只是電影,實際上這種「繩子」並沒有那麼強韌,盪盪猴子還可以,盪泰山這等猛男可不行。

能屈能伸

你買過一盆五十元的可愛盆栽嗎？假使你每隔一段時間就幫她換個大盆子，兩三年後回首往事，你可能不敢相信她曾經那麼嬌小。是的，當植物被「裹小腳」時，她會很認命在那樣的環境過一生。而植物是善於等待的，一旦有機會「鬆綁」，她很快便會活躍、挺拔起來。造化弄人，造化也弄植物，只是不知在造化眼裡，人和植物究竟誰比較受教，誰更懂得利用現有資源，精采永續活出生命的意義。

莖幹能屈

玉山圓柏是非常有名的例子，當她生長在山谷裡，就像氣宇軒眉的大喬木，高挺直率，一派大丈夫的豪氣。同樣是玉山圓柏，帶著相同的DNA密碼，如果落到高山頂上，在強風冰雪侵襲下，她只得彎低身子匍匐前進，枝幹之彎折扭曲，強韌求生存的模樣令人震撼──此乃真大丈夫也！

葉子能捲

松柏類的植物葉片已經夠小、夠厚、夠能抵擋乾旱了，但是遇到乾旱中的乾旱，她還是得彎腰低頭，把葉子捲起來。葉子捲曲，一方面少曬點陽光，避免過熱；再方面捲出白色的葉背還能反光，兩者都會減低蒸散作用，保住水分度過艱困。

莖大能容

腎蕨的球莖很夠經典，深知「有水當思無水之苦」的道理，早在平常就貯水貯得鼓鼓脹脹。等到旱季一來，水分的供給就交給球莖負責，點點滴滴都是滋潤，就像缺水時，有地下水的人家那般令人羨慕。不過，球莖也有窮盡時，水一旦用罄，球莖就會變成扁扁的莖，那就是已經撐到最後關頭了。

大捨

熱帶沙漠一年不下雨、兩年不下雨、三年不下雨都是常有的事，有些植物在這種地方會以「大捨」存活──捨去葉、捨去莖，捨去露在地面上的一切。等到哪天突然天降甘霖，她們才趕緊冒出來，以最快速度完成開花結果的使命，速戰速決留下後代而後結束一生。

暫時脫水

蘚苔植物儘管最早離開水域，但仍然脫離不了水，必須生長在潮溼的環境才行。可是如此怕乾好溼的植物居然也能夠稱霸南極。南極是岩石和冰川構成的大陸，蘚

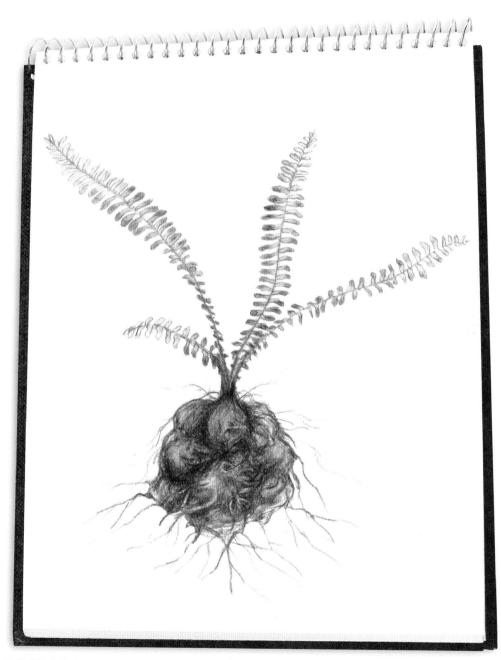

腎蕨的球莖會儲水。

苔如何辦到？答案是在冬季結凍時，植株會暫時脫水，變得乾枯，等到冰雪消融了再吸飽水，恢復原狀。

繁殖至上

「生命的意義，在於創造宇宙繼起之生命」，植物如果聽懂這句話，必然會點頭如搗蒜。為了使自己的基因不斷延續，植物不惜花費巨大能量，透過花、果實和種子，發展出各種令人讚嘆的繁殖策略。也許你有這樣的經驗，外出度假時陽台的盆栽沒澆水，度完假回來發現，有些植物非但沒枯死，反而開出朵朵鮮花。或者你在某個連續假期，心血來潮把植物大肆修剪一番，不久之後植物也開花了。對植物來說，乾旱、大量失去枝葉都算是一種生存危機，當植物面臨這樣的危機，她們的反應往往是開花，搶在死亡來臨前把基因傳下去，因為那是生命的重要意義。

朱槿花色鮮豔，就是為了吸引傳粉者的注意。

最好是……變異！

對植物來說，繁衍出跟自己一模一樣的後代相當不明智，理由一：很難在不同環境繁衍拓展；理由二：沒有能力因應環境變動。因此為了要有變異，最好是有雌雄之分，利用精卵結合時染色體重新配對來增加變異機會。而同樣是精卵結合，最好是異花授粉，基因的差異比較大。而同樣是異花授粉，最好是不同株的植物。而不同的植株，最好是離得遠，生存在不同環境。總之，為了創造變異，植物發展出各種各樣的花、果實和種子，確保達到一定的繁殖效率。

香豔或素顏

花的存在首先是為了完成傳粉大事——把雄蕊的花粉傳到雌蕊的柱頭上。傳粉的工作若靠動物幫忙，花就得鮮豔、芬芳。比如靠鳥類傳粉，花大都非常鮮豔；靠昆蟲傳粉，花則芬芳香甜。此外，生長在開闊疏鬆的環境，花色花形都是首要吸引力；要是環境蓊鬱遮蔽，氣味才是關鍵。不靠動物還可靠風力，這時香味色彩都不需要了，只要素顏就好。

保證成功

如果想確保傳粉成功，還是靠自己最保險。有些花就是自花授粉，雖然變異

芝麻是自花授粉植物。

小，可是不管外力配不配合，花一旦綻開，保證傳粉成功。這種花通常雄蕊高於雌蕊，花粉很輕易就會掉到柱頭上。有些花甚至會關起門來，以閉鎖花的方式自相授受，完全不必擔心花粉旁落。

想走？等一等！

把花粉關起來還不算太誇張，有些花還會把傳粉的昆蟲給關禁閉。馬兜鈴的花在

93

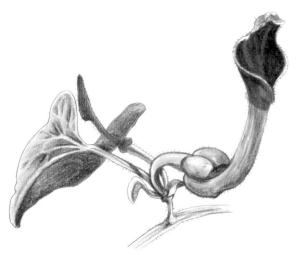

馬兜鈴的花在雌蕊成熟而雄蕊還沒成熟時，會先將來訪的昆蟲關禁閉，讓牠沾惹花粉以傳遞。

雌蕊成熟而雄蕊還沒成熟時，昆蟲進來吃花蜜之後就出不去了，因為被毛茸茸的構造擋了去路，必須等雄蕊成熟了，這些毛狀構造才會萎縮。這時，昆蟲就會沾了雄蕊的花粉飛出去，造訪另一朵花把花粉傳給雌蕊。當然，昆蟲是去吃花蜜的，關於傳粉的事，牠渾然不知。

來呀，親愛的

　　有些花真是靠模仿起家，無論花形、斑紋、顏色，甚至連氣味都模仿雌性昆蟲，完全以色誘的方式，吸引雄昆蟲前來摩蹭一番。儘管雄昆蟲最後知道自己上當了(關於這點，我們實在無法確定牠到底知道不知道)，牠身上也已沾了花粉，往另一朵美少女飛去……

送入洞房之後

　　傳粉成功之後便是受精──花粉萌生出花粉管，從柱頭經過花柱，一路到達子房，把花粉裡的精子沿著花粉管送入洞房，子房裡有胚珠，胚珠的卵細胞就會與精子結合。這時候花的使命已達，子房會像孕婦肚子般漸漸膨大，花朵也慢慢凋謝，把繁殖大事交棒給果實。

安石榴受精後，子房漸漸膨大，成為果實。

我們吃的水果，種子排列與數量雖各不相同，但目的卻都相同，就是傳播種子。

大手筆

　　沒有植物，動物萬萬不能；沒有動物，植物也有所不能。花粉要動物幫忙傳播，種子又何嘗不是？然而，要請動物幫忙往往所費不貲，花要大、果要甜，想確保傳宗接代，出手就不能太小氣。植物以果實保護著最寶貝的種子，看到滿樹亮澄澄的果實，不難想見植物為了傳宗接代可真是耗費鉅資。然而，果實多，種子就多；種子多，落地繁衍的機會當然就提高。對植物來說，無論耗費多少，只要有後代，再辛苦也必須傾注全力。

色香味

　　果實存在的另一個目的是傳播種子。凡是要動物幫忙傳播種子的植物，果實都得變成美食，以為犒賞。資產雄厚的財團型植物，果實結得又多又大又甜又多汁，吸

引眾多消費者在第一時間把果實搶光，讓裡頭的種子順利落地。中小企業型就沒那麼氣派張揚，可能只做老客戶生意，盡量投其所好，或者走精品路線，果實不多，但色香味都屬經典。

越遠越好

對植物來說，後代最好遠走高飛，離得越遠越好，別跟母株擠在一起，以免將來彼此變成競爭者，甚至拚得你死我活，枉費當初辛苦繁殖一場。在遠走高飛的前提下，種子可以輕盈隨風遠飄，也可以暫時委身在動物腸道內，在動物吃飽經過消化後再排出來時，應該離母樹有一段距離了。再不然靠水也可以，像海漂果或椰子，甚至可以出國移民，從菲律賓漂到台灣落地生根。

爆開，彈出來！

有一些果實採取自力救濟，在乾裂時會自動把種子彈出來。這種彈射的力量來自於果實平日累積的緊繃力，當果實一裂開，彷彿壓力鍋突然掀開，裡面的種子全彈飛出來。也有些果實，只要動物碰觸或風力吹動就會爆開，彈出細小輕盈的種子，自己完成傳播種子的工作。這類果實如同靠風力、水力傳播的果實，已經跟美不美味無關了。

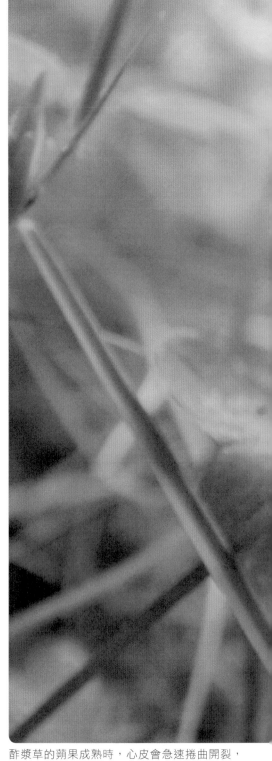

酢漿草的蒴果成熟時，心皮會急速捲曲開裂，將種子彈出。

贏在第一步

那些原本就要讓動物吃進去，最後毫髮無傷被排泄出來的種子真是聰明。想想，種子隨著動物糞便排出來，等於一落地就含著金湯匙，在養分豐饒肥沃的環境裡邁開生命的第一步。現在你知道為什麼大多數種子都不好消化了吧？因為只要能平安通過動物腸道，就有一坨有機樂活的養生豪宅供其使用。

比耐力

種子不僅耐乾旱，生命力之強韌令人咋舌。比如種子被火燒過、受低溫寒凍、被強酸侵蝕都還保有生命力，只要環境適合就能發芽。萬一落在環境惡劣的地方，種子可以耐心等待，一年兩年三年……據說蓮花的種子最久甚至可以撐到三百年。換言之，十九世紀落地的蓮子，只要有水就能穿越時空，在二十一世紀生根發芽。

不勞您大駕！

我們吃的花生是種子，她們並不長在樹上，是在土裡，且埋得有一點深。這代表什麼意思？代表花生的種子，不靠風、不靠水、不靠動物，也不自己搞高空彈跳，而是讓種子往土裡鑽，自己完成播種。原來花生一授粉成功，花莖就會往下彎落，最後鑽進土裡長出莢果和裡面的種子，等於種子一出生就已落地在土裡了。

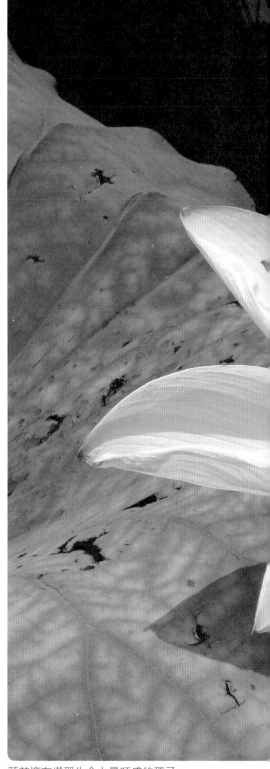

蓮花擁有堪稱生命力最旺盛的種子。

大開花

雨林為了應付激烈的生存競爭，不定期會有一種大聯盟式的繁殖策略——幾百種植物在一個月內同步開花，經過幾個月以後再同步結果。那些參與聯盟的植物，彼此開花週期都不相同，有些三年、有些五年，也有十年才開一次花。她們究竟為了什麼理由會一起開花、一起結果呢？根據生態學家提出的「掠食者飽和假說」，在平常的年份，那些吃種子的動物因為食物不夠吃，所以族群數量很有限。一旦突然大開花、大結果，原有的動物根本吃不完那麼多果實和種子。這麼一來，參與聯盟的植物種子就有更多機會活下來，生根發芽。簡單說，這是植物避免種子被吃光，無法繁衍後代而演化出來的聯盟策略。

滑翔翼

在大開花聯盟裡，有一種稱作「龍腦香科」的植物，她們長得非常高大，甚至超過50公尺高。這麼高的種子如果沒有策略，不是卡在樹叢落不了地，就是會摔得粉碎。龍腦香科的種子具有乘風飛翔的滑翔翼，而且兩瓣、三瓣、五瓣都有。風一來，種子先是被風吹得好高，接著就靠滑翔翼飛得好遠。落地時也因為有滑翔翼，減緩種子的衝撞力，有些還會一邊旋轉一邊往下落，曼妙地在雨林跳起芭蕾舞。

研究植物的人

正如你開始觀察植物一樣，最早研究植物的人並沒有複雜的配備或儀器，頂多拿個放大鏡，用眼睛看，用腦袋思考。他們經常揹著採集箱四處搜索，只為了多觀察植物，發現不同的品種，有時甚至還得翻山越嶺。最早的植物學歸類在藥物學之下，所謂植物分類標準往往是有沒有毒、能不能吃、有哪些功效等等。慢慢的，植物學越來越廣泛而有規模，有人研究植物生理，有人鑽研植物分類，也有人專門探討遺傳、演化。如今，隨著高科技推陳出新，有些植物學家幾乎整天待在實驗室，進入微細的分子層次，甚至從事奈米級研究；有些則流連大自然，看林相、看生態，從中挖掘生命的感動。

植物生理家

這類學者專門研究植物各式各樣不同的生命功能和現象，例如：呼吸作用、光合

蘇鐵樹齡十年以上才開花，圖為雌花。

作用、水分的吸收和傳導、礦物質的吸收利用、植物的荷爾蒙作用等等內在的變化。除此之外，植物要怎麼樣適應環境，包括缺水、嚴寒或酷熱等逆境時的生理反應，也都是植物生理學家要探討的課題。他們大半時間埋首實驗室，用試管、燒杯、儀器，透過各種實驗方法解開植物的秘密。

綠色苦瓜是育種的成果。

生化科技

有些植物學者從植物的組織培養、基因調控研究起，目標應用在養生、美容、醫藥等方面，以萃取技術創造生化科技產品。長時間待在實驗室、繁瑣細密的實驗方法，以及面對高失敗率，是這類研究人員的表象，內裡則可能像上帝一樣，創造這世界完全沒有的新知識、新數據、新實驗技術和新產品。

生態學家

對生態學家來說，學術機關的實驗室實在太狹小，待久了有可能會生病。這是因為他們的實驗室——森林，有自然流通的空氣、自然的綠意、自然的生機，而且寬敞得讓人羨慕。不過生態學家在他們的實驗室是清閒不得的，一會兒要像偵探般找線索，探討這些樹為什麼突然開花；一會兒要像稅務人員清查數據，計較有幾顆果實、幾顆種子；還得要有大格局，看出植物的演化趨勢。

民族植物學家

在叢林與自然共處的原住民對植物的瞭解和使用，並不輸給都市叢林的現代知識分子。實際上，我們只是下游的使用者，熟悉的是膠囊、藥丸、噴劑、精油，而上游植物的真正樣貌我們反而不知道。民族植物學家深入叢林探訪，瞭解原住民使用的植物，他們經常受藥廠所託，在上游幫忙尋找各種藥劑的源頭。

育種專家

育種也是一門學問，與我們關係密切，例如無子西瓜、聖女小番茄、泰國芭樂、綠色苦瓜、關廟鳳梨等現代美味的蔬果，都是育種的成果。育種來自於「好還要更好」的理念，也可能因為心中有憾——如果能怎麼樣就好了。有了遺憾，於是就有了改良的目標，再來就是選擇要雜交的品種，這個階段除了嘗試再嘗試，也需要神來之筆，品種選得好，再配合雜交技術，如此才能有令人驚喜的成果。

第三章 探索篇

就地幸福

人往往嚷著要去哪裡找幸福，
殊不知植物總是就地企求幸福。

燦爛的花朵背負了繁衍使命，
她綻放的歡顏，
示現了整株植物滿懷希望的幸福。

植物之最

　　儘管植物各項紀錄保持者可能刷新改寫，有些紀錄也因為資料來源而有所出入，不過瞭解這些「植物之最」不但可以拓展見聞，增加探索樂趣，也能提高對植物的尊重，進而起保護之心。對我們來說，「最」字是一種標竿，包含了價值判斷，然而對植物來說，一切只是為了要求生存，或者只代表運氣非常好而已。

最高的樹

　　就像最高的摩天大樓隨時有後來居上者，根據維基百科記載，加州紅木，高度達112公尺，是世界上最高的植物之一。另有一說，目前全世界最高的樹是澳洲的杏仁香桉，高度已有156公尺，等於五十層樓高。

最矮的樹

　　生長在高山冰天凍地的矮柳，高度只有5公分，能夠適應嚴寒、空氣稀薄，以及陽光直射的超惡劣環境。

最大的花

　　熱帶雨林裡的大王花，直徑1公尺以上，最高紀錄有1.4公尺，大得像婚宴上的圓桌。大王花屬於寄生植物，宿主是藤類。為了吸引蠅傳粉，大王花有一股腐臭，所以又俗稱為「腐屍花」。

最小的花

　　浮萍中的無根萍，花的大小跟針尖差不多。無根萍是植物裡的三冠王，無論植株、花或果實，都是植物「最小」競賽的冠軍。

最高的樹—杏仁香桉。

最矮的樹—矮柳。

最大的花一大王花。

最大的花序一巨花蒟蒻。

最大的花序

　　巨花蒟蒻，整株花序由好幾千朵小花組成，花序形狀像倒放的百褶裙，直徑超過1公尺，高度2～3公尺。

最長的根

　　南非一株無花果樹的根，長度122公尺，相當於四十層樓高的地下探測器。

最大的莢果

　　鴨腱藤，是生長在熱帶的攀緣植物，巨大的豆莢有1.5公尺長、寬0.1公尺，每個種子直徑6公分，而一顆莢果裡有15顆大小如蘋果的種子。

人與鴨腱藤的巨大莢果。

壽命最短的花

小麥的花，花開五分鐘就謝了，最長壽的花也不過開半小時。

最毒的樹

見血封喉，又叫作剪刀樹或箭毒樹，見於中國雲南的西雙版納。樹皮切割後會流出白色乳汁，作成毒箭，毒性極強。據說，無論如何孔武有力的野獸，只要中箭後，掙扎跳脫三五步就會斃命。

最大的葉子—王蓮。

最毒的樹—見血風喉。

最大的葉子

王蓮的葉子直徑2公尺以上，能承受一個小孩的重量，面積則可以遮住一台摩托車。

最長壽的樹

有「植物活化石」美稱的龍血樹，一般能活2000年，最高超過8000年，最長壽的那棵生長在非洲，於1965年被大風暴折斷。

最小的種子

蘭花的種子，只有0.01公分長，重量0.01公克。

生長最快的樹

毛竹，在春筍開始長節拔高時，一天可以長高1公尺，速度之快，甚至連長節的聲音都聽得見。

生長最慢的樹

　　澳洲地區的草樹，又稱禾葉木，一百年樹幹只加粗2.5公分，因為生長在乾燥地區，水分極其有限。另有一說，蘇聯克拉哈里沙漠有一種樹稱作爾威茲加樹，一百年才長高30公分。兩者的生長都如老牛拖車，慢得驚人。

植物Q&A

Q：植物為什麼會落葉？

A：第一，植物在冬季落葉可以避免寒害，因為葉子是植物最容易受傷的部位。第二，冬天陽光弱、天氣乾燥，掉葉子可以減低生理代謝和水分蒸散。第

落葉後的枝幹，別有一番蒼勁的美感。

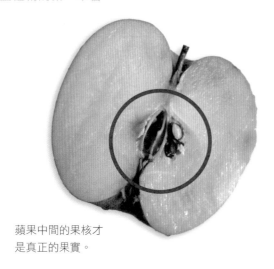

蘋果中間的果核才
是真正的果實。

三，植物平常落葉是為了汰舊換新，讓功
能老化的葉子掉落，由年輕且機能優越的
新葉來負責製造養分。除此之外，葉子掉
落還有一個可能——為了繁殖，比如桃花
心木在春天掉光葉子，就是為了避免擋住
果實裡的種子乘風飛去。

Q：為什麼高冷蔬菜比較甘甜？
A：高山上氣溫會冷到結冰，一旦植物內
部的水結冰，可能會凍傷細胞，因此高山
上的蔬菜會累積多一點糖分，讓冰點下
降，變得不容易結冰。

Q：植物會不會冬眠？
A：如果說睡覺是降低活動，減少體能消
耗，休養生息，植物確實會趁著陽光不
強、養分製造不易的冬季暫時休息。例如
大樹落葉，讓生理代謝減到最低；草本的
莖和葉則變得乾枯，只留地下的根，貯備
養分，等待天氣回暖再冒枝芽。

Q：植物怕冷嗎？
A：會，不過每種植物怕冷的程度不一
樣，寒帶植物比較耐得住低溫。當溫度低
於攝氏4度，大多數植物的新陳代謝都會
降得很低很低，有些還可能停止，甚至永
遠也啟動不了，因為已經凍死了。

Q：水果就是植物的果實？
A：不一定，譬如我們常吃的蘋果、枇
杷、梨……其實是花托發育成的，稱作假
果，被我們丟掉的果核才是真正的果實。
真正的果實是從子房發育來的。

Q：蓮藕為什麼有洞？
A：蓮藕是荷花的地下莖，這些洞是氣
室，貯藏空氣用的。空氣從葉子的氣孔進
來，收集在氣室裡，讓地下莖和根的細胞
能夠呼吸。許多水生植物的地下莖，都有
類似通氣用的孔洞。

Q：有吃人的植物嗎？
A：有，印尼爪哇島上的奠柏就是「食肉
植物」，樹條會把人緊緊纏住，讓人動彈
不得，還會分泌消化液，把人消化，分解
成植物所需要的養分。

Q：植物的年齡怎麼估算？
A：木本植物有年輪，不過一圈並不代表
一歲，還得依據植物的生長特性，一年長

一圈或兩圈來換算。草本植物沒有年輪，
很難作明確判定，尤其許多草本的壽命只
有一兩年，大約就只能看大小和生長發育
的情形。至於多年生的植物，則可以用地
下莖或根的大小約略判斷。

Q：植物會睡覺嗎？
A：會。到了晚上，葉子或花下垂或閉合
的情形，稱作「睡眠運動」，目的是減低
水分和熱量蒸散流失，或保護花裡的雄蕊
雌蕊。酢漿草、含羞草、合歡都有睡眠運
動。

酢漿草（上）與紫花酢漿草（下）都有睡眠運動。

Q：秋天葉子為什麼變色？
A：有些葉子在秋天掉落前會變成黃色、棕色或轉成紅色，主要是因為葉子的色素——葉綠素被分解回收了，而葉子的養分也送到莖貯存起來，留給新芽用。

Q：種子可以飛多遠？
A：根據記載，歐洲松的種子有翅膀，可以飛800公尺遠，相當於從基隆飛到墾丁之後，繞過鵝鑾鼻繼續飛到台東、花蓮、宜蘭……

Q：植物有沒有聽覺？
A：科學家做過實驗，讓豆科植物聽不同頻率的聲音，發現2k赫茲(約正常人的說話頻率)，音量大約70～80分貝的聲音，可以讓植物的成長速率比對照組高出兩倍。至於植物到底有沒有聽覺、能不能辨聲音的意義，目前還需要更多人投入研究。

向植物學習

工作忙壞了、目標達成了、事情弄擰了、升官了、降級了、被人事糾葛弄得厭煩極了……建議你到郊外走走，或找個公園靜坐下來，看看植物如何開枝散葉，如何突破屏蔽，往陽光空隙延展、蜿蜒拔高掙脫束縛。看到綠葉盎然、花朵綻放，見到果實纍纍，記得想想植物如何以分享、互利的概念謀求生存，與他種生物共存共榮。請再仔細找找，有沒有一棵植物因為旁邊的大樹枝枒擋住大片陽光，因而葉子枯萎，無力垂掛半空，可是再往上方看，她的頂端已經長出嫩葉，向更高的地方探觸，準備迎接陽光。植物示現的生命哲學還有很多很多，靜下心來慢慢看，希望你能有所體悟，並懂得向植物學習。

楓葉到了秋天會轉成黃、棕或紅色，主要是葉綠素被分解回收的緣故。

《愛上植物的第一本書》版權頁

撰　　　稿　陳婉蘭

審　　　定　徐玲明

企 畫 選 書　陳穎青

責 任 編 輯　陳妍妏

協 力 編 輯　莊雪珠

協 力 攝 影　陳煥彰

繪　　　圖　張靖梅

美 術 編 輯　張曉君

封 面 設 計　張曉君

總 編 輯　謝宜英

社　　　長　陳穎青

出　　　版　貓頭鷹出版

發 行 人　涂玉雲

發　　　行　英屬蓋曼群島商家庭傳媒股份有限公司城邦分公司

　　　　　　104台北市民生東路二段141號2樓

　　　　　　畫撥帳號：19863813；戶名：書虫股份有限公司

　　　　　　城邦讀書花園：www.cite.com.tw

　　　　　　購書服務信箱：service@readingclub.com.tw

　　　　　　購書服務專線：02-25007718～9

　　　　　　　　　（週一至週五上午09:30～12:00；下午13:30～17:00）

香港發行所　24小時傳真專線：02～25001990；25001991

馬新發行所　城邦（香港）出版集團／電話：852～25086231／傳真：852～25789337

印 製 廠　城邦（馬新）出版集團／電話：603～90563833／傳真：603～90562833

初　　　版　五洲彩色製版印刷股份有限公司

定　　　價　2010年11月

　　　　　　新台幣280元／港幣93元

　　　　　　ISBN：978-986-12-0242-6

　　　　　　有著作權.侵害必究

　　　　　　讀者意見信箱：owl@cph.com.tw

　　　　　　貓頭鷹知識網：www.owls.tw

　　　　　　歡迎上網訂購；大量團購請洽專線(02)2500～1965轉2729

國家圖書館出版品預行編目資料

愛上植物的第一本書 / 陳婉蘭著. -- 初版. --
臺北市：貓頭鷹出版：家庭傳媒城邦分公司
發行, 2010.11
面；　公分
ISBN 978-986-12-0242-6（平裝）

1. 植物

370　　　　　　　　　　　　　99014077